花色拼盘

新东方烹饪教育　组编

简单食材　丰富创意　文化艺术盛宴

中国人民大学出版社
·北京·

图书在版编目（CIP）数据

花色拼盘 / 新东方烹饪教育组编. -- 北京 ：中国人民大学出版社，2021.12
ISBN 978-7-300-30247-8

Ⅰ. ①花… Ⅱ. ①新… Ⅲ. ①凉菜－制作－教材
Ⅳ. ① TS972.114

中国版本图书馆 CIP 数据核字（2022）第 009074 号

花色拼盘
新东方烹饪教育　组编
Huase Pinpan

出版发行	中国人民大学出版社		
社　　址	北京中关村大街 31 号	**邮政编码**	100080
电　　话	010－62511242（总编室）		010－62511770（质管部）
	010－82501766（邮购部）		010－62514148（门市部）
	010－62515195（发行公司）		010－62515275（盗版举报）
网　　址	http://www.crup.com.cn		
经　　销	新华书店		
印　　刷	北京宏伟双华印刷有限公司		
规　　格	185mm × 260mm　16 开本	**版　　次**	2021 年 12 月第 1 版
印　　张	11.75	**印　　次**	2024 年 3 月第 2 次印刷
字　　数	208 000	**定　　价**	47.00 元

编 委 会

永结同心

序
PREFACE

本书包括花色拼盘基础知识、花色拼盘备料技艺、花色拼盘基本功单品制作、花色拼盘制作实践四章。全书以全新的视角审视花色拼盘技艺的精髓，图文并茂、形式活泼、内容新颖，编排由浅入深、由简至繁。

为了使本书达到“读了有其知，做了有其成”的效果和目的，周后超老师带领其团队翻阅并整理了大量相关资料，并将自己多年的烹饪与教学经验和对花色拼盘的思考都融入这本书中，为拼盘的材料配方、制作过程撰写了各种技术性的剖析文字，并配有清晰精美的演示图片。这些详细的分步图片，都是周后超老师及其团队实做实写、实景拍摄而来，为了达到最佳效果，他们更是不厌其烦地反复拍摄，只为读者可以直观感受花色拼盘的魅力，掌握花色拼盘的技艺，从而创造出具有艺术特色的作品。

编写本书，最大的目的在于为有志于学习和从事拼盘技艺的学生提供一本完整的花色拼盘教材，同时这本书也是新东方烹饪教育在教学研究方面的一个硕果，有助于学校教学质量的提高，还可作为行业专业人才培养培训教材和参考用书。教材研发是一个系统工程，艰巨且复杂，周后超老师及其团队严谨细致、齐心协力、不辞辛苦，为本书编写付出了大量的心血和汗水。希望每一位读者读了这本书之后，都能从文字说明、分步图片中领悟到制作花色拼盘的成就和奥妙。

凤舞九天

目 录

CONTENTS

松鹤延年

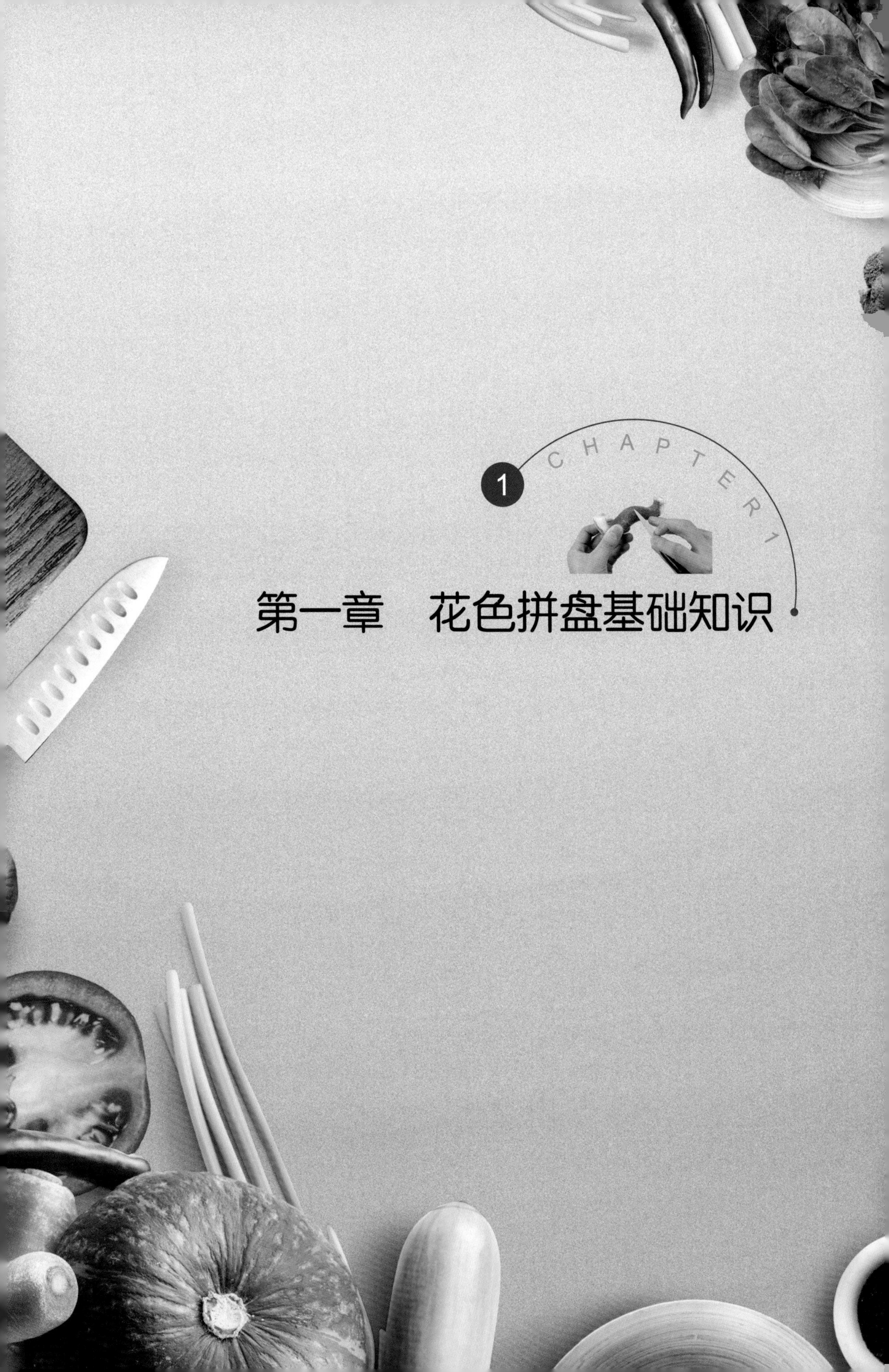

1 CHAPTER 1

第一章　花色拼盘基础知识

花色拼盘的起源和发展 >>>

花色拼盘是由一般的冷菜拼盘逐渐发展而成的，发源于中国，是悠久的中华饮食文化孕育的一颗璀璨明珠，其历史源远流长。唐代，就有了用菜肴仿制园林胜景。宋代，则出现了以冷盘仿制园林胜景的形式，特别是当时宋代寺院中用冷菜仿制王维“辋川别墅”的胜景，被认为是世界上最早的花色拼盘。

明、清之时，拼盘技艺进一步发展，制作水平更加精细。近几年，随着经济的发展，花色拼盘得到迅猛发展，原料的使用范围扩大，取材也更广泛，其运用范围也在扩大，受到越来越多的厨师的青睐，极大地推动了我国烹饪文化的发展。

花色拼盘的定义 >>>

花色拼盘也称花色冷盘、工艺冷拼等，是指利用各种加工好的冷菜原料，采用不同的刀法和拼摆技法，按照一定的次序、层次和位置将冷菜原料拼摆成山水、花卉、鸟类、动物等图案，提供给就餐者欣赏和食用的一门冷菜拼摆艺术。

花色拼盘在宴席程序中是最先与就餐者见面的头菜，它以艳丽的色彩、逼真的造型呈现在就餐者面前，让人赏心悦目、食欲大开，使就餐者在饱尝美食之余，还能得到美的享受。花色拼盘在宴席中能起到美化和烘托主题的作用，同时还能提高宴席档次。

花色拼盘的表现形式 >>>

花色拼盘的主题内容很多，春夏秋冬、飞禽走兽、花鸟鱼虫、山川风物等，皆可生动再现。

花色拼盘表现出在扎实的食品雕刻基础上，提炼出来的精湛厨艺。花色拼盘讲究寓意吉祥、布局严谨、刀工精细、拼摆匀称。根据表现形式的不同，花色拼盘的基本表现形式一般可分为平面型、半立体型和立体型三大类。

本书中的每个作品都有详细的分步图片和文字说明，读者可直观地掌握作品的整个拼摆过程，轻松学习。大部分作品创意新颖，可满足现时和未来的工作及比赛之需要。

CHAPTER 2

第二章　花色拼盘备料技艺

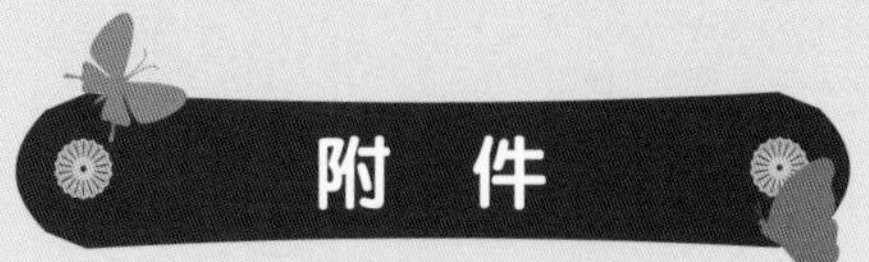

简版草

1 准备所需要的原材料：冬瓜皮。

2 用雕刻手刀从冬瓜皮的任意一边起刀，从粗到细、从短到长、从低到高地雕出小草的一边。

3 雕刻完成小草的一边。

4 从高到低、从长到短地雕刻出小草的另一边。

5 将小草全部雕刻完成。

6 摆盘后待用。

主题字

1 准备好冬瓜皮和打印好的文字。

2 将打印文字粘贴在冬瓜皮上。

3 用刀尖沿文字的实部运刀，将文字的实体部分取出。

4 沿文字边缘将多余废料去除。

5 取出已雕刻好的文字。

6 文字雕刻完成。

预制品

蔬菜原料氽水断生

1 准备好洗净的蔬菜。

2 准备好食盐。

3 锅中加入冷水，放入适量食盐。

4 水沸后，将准备好的蔬菜放入锅中焯至断生。

5 将焯好的蔬菜放入冷水中迅速冷却。

6 将冷却好的蔬菜捞出沥干水分即可。

土豆泥

1 准备洗净的土豆。

2 将洗净的土豆削皮。

3 将削皮后的土豆切片，装盘备用。

4 将土豆片封上保鲜膜，上气蒸 15 ～ 20 分钟。

5 将蒸熟的土豆压碎成泥即可。

鸡蛋糕

1 准备鸡蛋、盐、生粉。

2 将蛋清、蛋黄分离。

3 蛋清、蛋黄分开盛装，蛋清中不能混入蛋黄。

4 将蛋清用纱布过滤。

5 在蛋清中加入盐。

6 在蛋清中加入生粉水。

7 将蛋清搅拌均匀。

8 再次将调制好的蛋清用纱布过滤。

9 将过滤好的蛋清装入准备好的盒子。

10 用勺子撇去蛋清表面的浮沫。

11 将盒子封上保鲜膜。

12 在蛋黄中加入盐。

13 将蛋黄搅拌均匀。

14 将蛋黄用纱布过滤。

15 将过滤好的蛋黄装入准备好的盒子。

16 将盒子封上保鲜膜。

17 将蛋清、蛋黄放入蒸笼中，用小火蒸制。

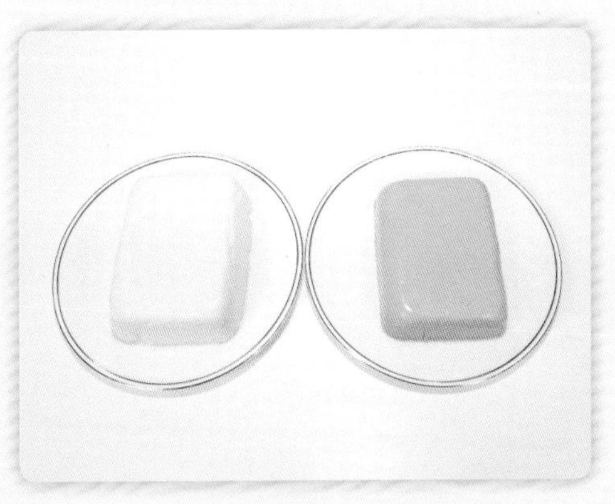

18 蛋清、蛋黄蒸熟后，出笼冷却备用。

蛋 皮

1 准备鸡蛋、盐。

2 将鸡蛋打入碗中。

3 加入盐。

4 将蛋液搅拌均匀。

5 取少量蛋液倒入平底锅中。

6 晃动平底锅，使蛋液均匀地分布于锅底。

7 摊制成蛋皮。

8 蛋皮出锅，冷却备用。

萝卜卷

1 准备原料：白萝卜、胡萝卜。

2 采用滚料上片刀法，将白萝卜片出薄片。

3 将片出的薄片放入酸辣汁中腌制入味。

4 将薄片放至毛巾上，控水备用。

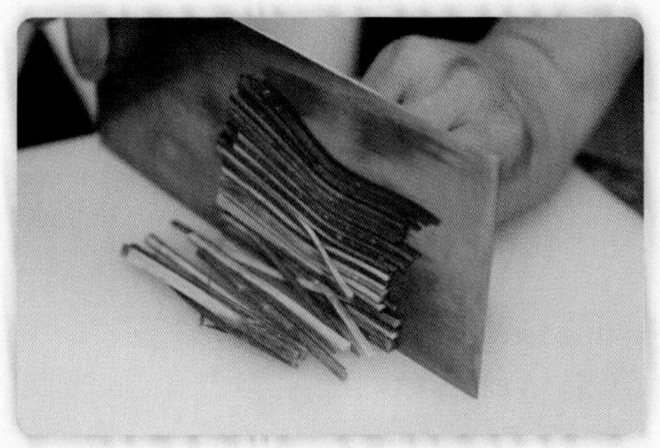

5 用菜刀将胡萝卜切丝（二粗丝）。

6 将切好的胡萝卜丝码盐出水，洗净备用。

7 将胡萝卜丝卷入白萝卜片中，做成萝卜卷。

8 用相同的方法制作出足量的萝卜卷备用。

鸡 卷

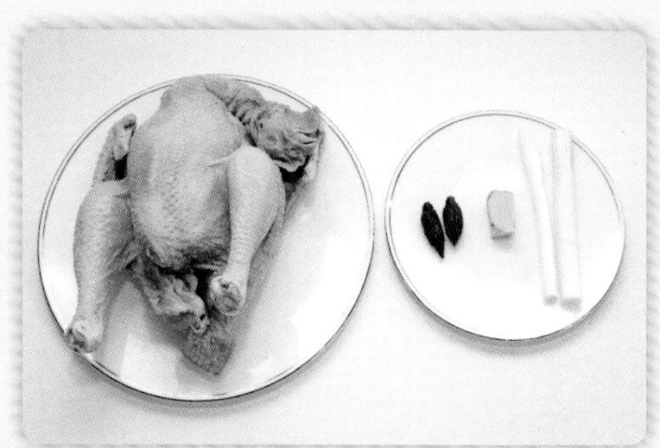

1 准备一只鸡、香料、姜、葱。

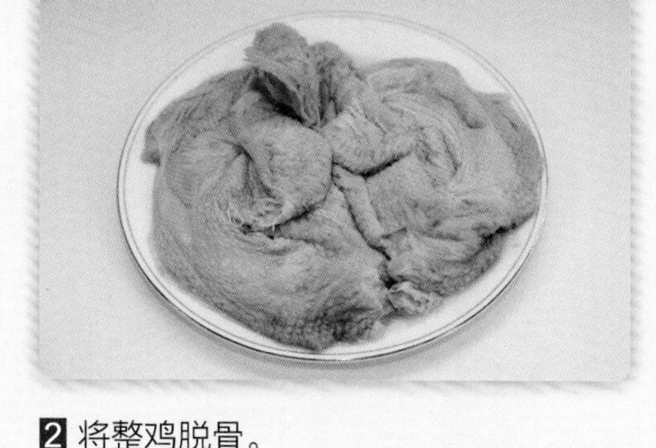

2 将整鸡脱骨。

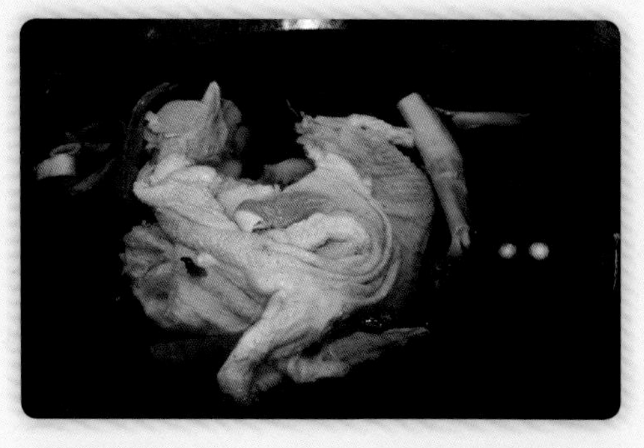

3 将脱骨的鸡肉下锅，放入香料、葱、姜，煮熟。

4 将煮好的鸡肉用保鲜膜裹紧。

5 将裹好的鸡肉上蒸笼蒸制 20 分钟。

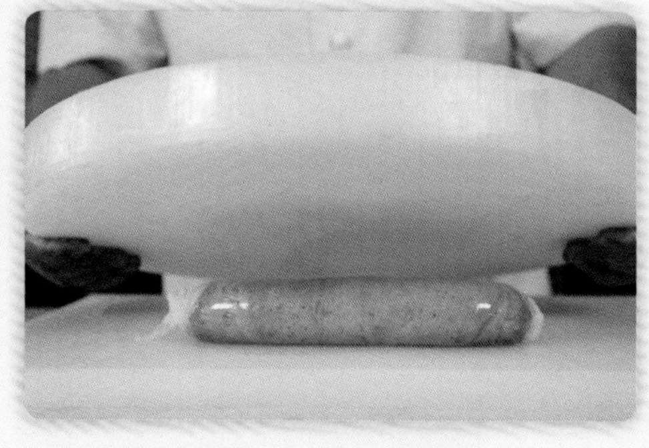

6 将蒸好的鸡肉卷用菜板压实。

7 将压实的鸡肉卷改刀。

8 将切好的鸡肉卷装盘，浇上红油即可。

耳卷

1 准备原材料：新鲜猪耳、姜、葱、八角、黄栀子、老抽、盐、味精。

2 将洗净的猪耳冷水下锅焯水。

3 将焯好的猪耳放入高压锅内，加姜、葱、八角、黄栀子、老抽、盐和味精，上气后卤制 25 ～ 30 分钟。

4 捞出卤制好的猪耳。

5 趁热用纱布将猪耳裹紧，然后在外围再裹一圈保鲜膜，将裹好的猪耳用重物压实。

6 将压好的耳卷去膜备用。

7 将压好的猪耳切成薄片，然后顺刀面拼摆出风车形。

兔 卷

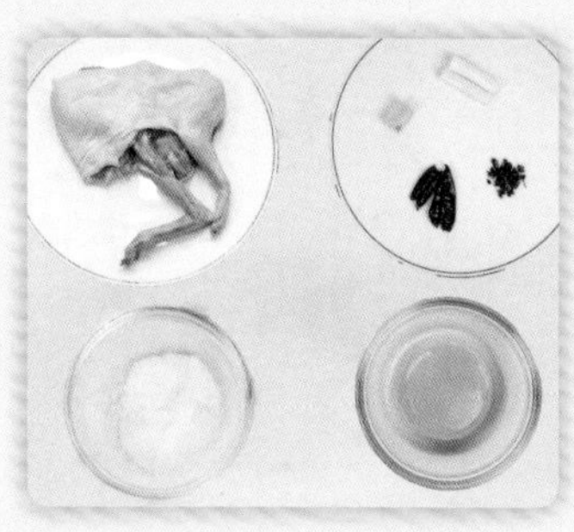

1 准备原材料：烫皮兔、大葱、姜、干花椒、干辣椒、盐、料酒。

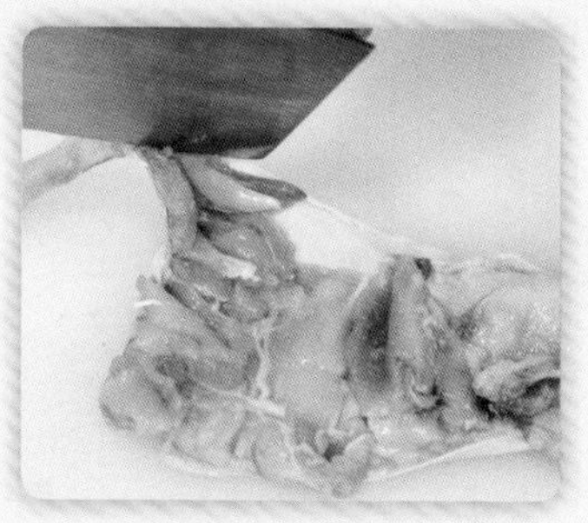

2 用菜刀将烫皮兔去骨。

3 去骨后的烫皮兔。

4 将烫皮兔及大葱、姜片、干花椒冷水下锅，加入盐、料酒，煮出血沫，捞出洗净。

5 将洗净的烫皮兔进行白卤，使其入味。

6 将卤制后的烫皮兔用菜刀修整，便于卷制。

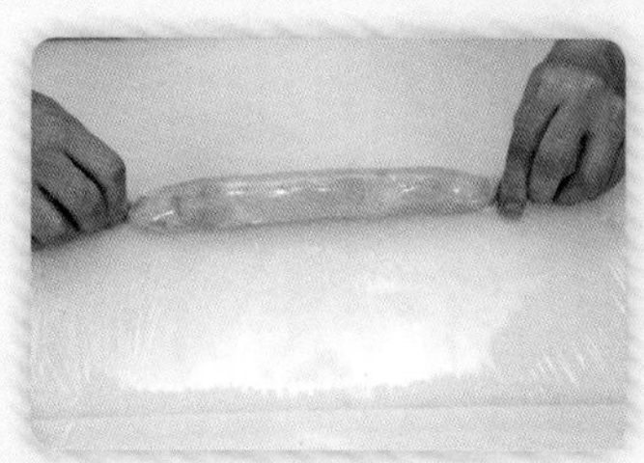

7 用保鲜膜将烫皮兔制卷。

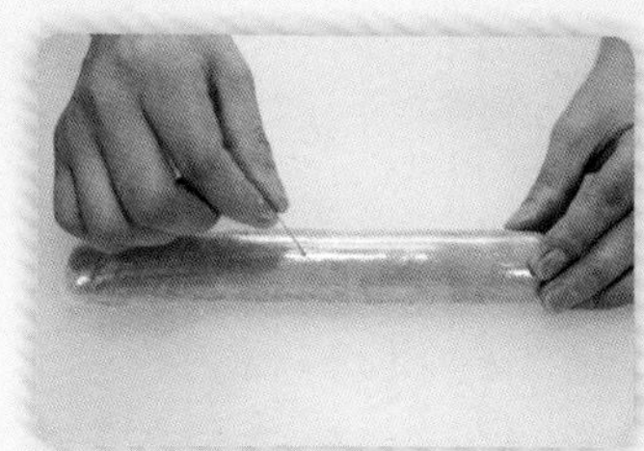

8 用针将兔卷扎几个小孔，便于蒸制时透气。

9 上蒸笼蒸制 15 分钟左右。

10 从蒸笼中取出兔卷，使用重物压制定形。

11 压制完成后备用。

鸭脯卷

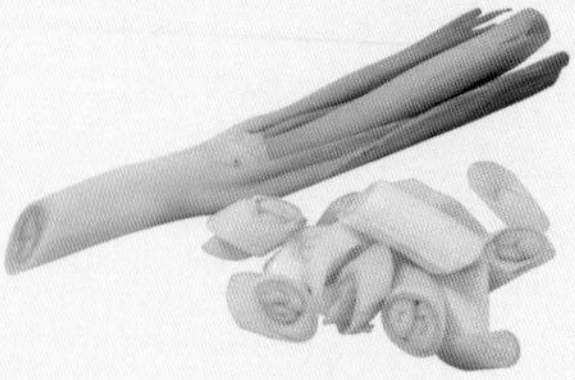

1 准备原材料：鸭脯肉、大葱、姜、干辣椒、干花椒、桂皮、黄栀子、老抽。

2 将鸭脯肉冷水下锅，加大葱、姜、干辣椒、干花椒、桂皮、黄栀子，煮出血沫。

3 加少量老抽上色。

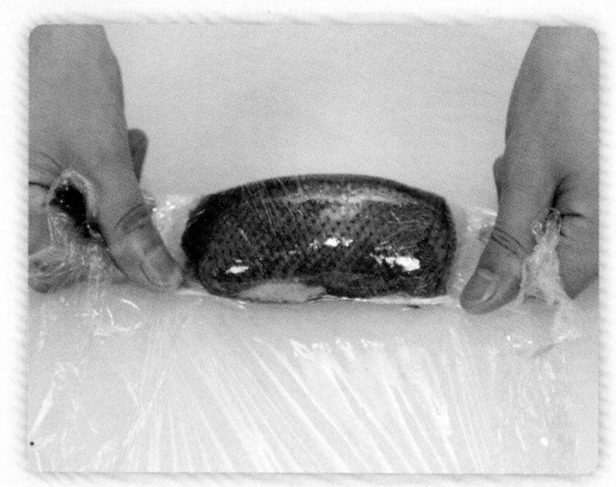

4 煮熟后捞出，用保鲜膜将鸭脯肉包裹制卷。

5 使用重物压制定形。

6 压制完成，撕下保鲜膜备用。

咸蛋黄鲈鱼卷

1 准备所需原材料：鲈鱼、生姜、小葱白、咸蛋黄。

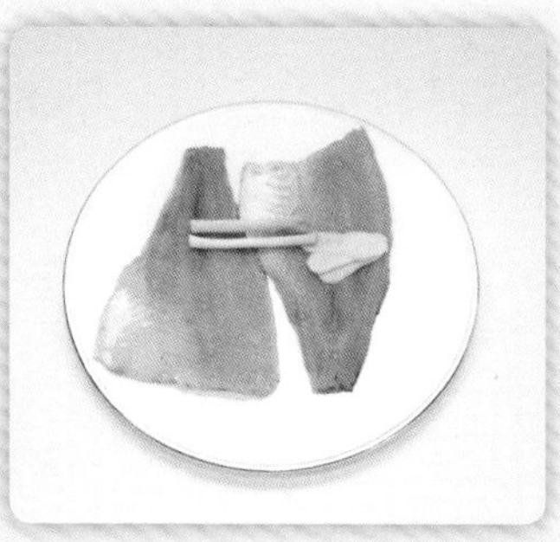

2 将鲈鱼去骨洗净，加姜、葱、料酒、盐，腌制去腥备用。

3 将咸蛋黄碾碎备用。

4 将咸蛋黄均匀撒在腌制完成的鲈鱼上。

5 使用保鲜膜将鲈鱼制卷。

6 上蒸笼蒸制 15 分钟。

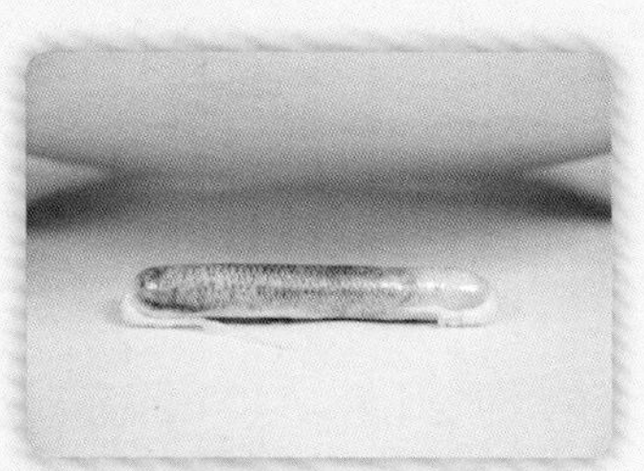

7 从蒸笼取出后使用重物压制定形。

8 压制完成，撕下保鲜膜备用。

鱼茸卷

1 准备原材料：草鱼、鸡蛋。

2 将草鱼去骨、去皮、去鱼刺后洗净待用。

3 将蛋黄液倒入平底锅中摊成蛋皮，注意用微火。

4 将鱼肉制成茸后，过滤，去除鱼筋。

5 在鱼茸中加入盐、姜葱水、鸡蛋清、猪油、淀粉，沿顺时针方向搅打上劲。

6 搅打上劲后的鱼茸。

7 将鱼茸装入裱花袋内。

8 将摊好的蛋皮切成正方形。

9 将鱼茸挤在蛋皮的一端，调整好大小和位置。

10 使用保鲜膜包裹制卷。

11 上蒸笼蒸制 10 分钟左右。

12 蒸熟后，装盘备用。

培根千张

1 准备原材料：培根、千张。

2 将千张改刀为培根大小。

3 将培根及千张叠至想要的厚度。

4 将叠好的培根千张上蒸笼，蒸制 15 分钟。

5 将蒸制完成的培根千张用重物压制定形。

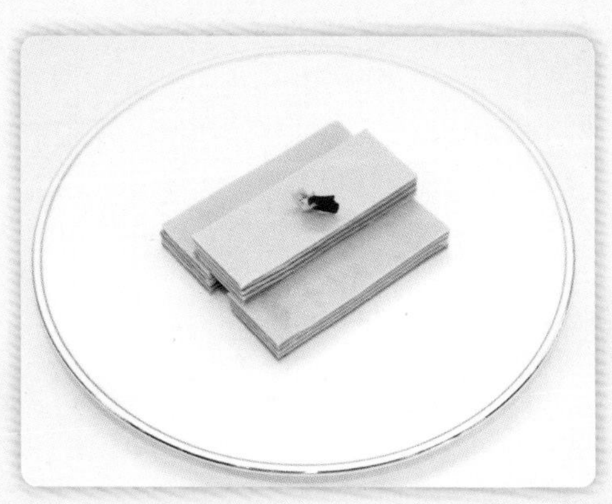

6 压制完成后备用。

鸡茸卷

1 准备原材料：鸡胸肉、菠菜、墨鱼汁、鸡蛋、蛋皮、盐、猪油、生粉等。

2 将菠菜洗净放入榨汁机中。

3 将菠菜榨制成汁。

4 将鸡胸肉剔出筋膜。

5 将鸡胸肉剁成茸。

6 在鸡茸中加入盐。

7 在鸡茸中加入墨鱼汁。

8 在鸡茸中加入猪油。

9 在调制好的鸡茸中加入蛋清，搅打上劲。

10 用同样的方法制作出其他颜色的鸡茸备用。

11 将鸡茸装入裱花袋中排尽气泡。

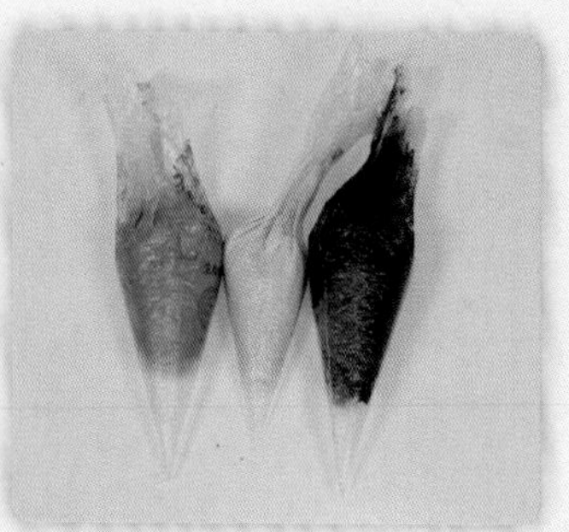

12 将装好的鸡茸放入冰箱冷藏 10 ～ 12 分钟。

13 将摊好的蛋皮切成长方形。

14 在蛋皮表面撒上生粉。

15 将鸡茸挤在蛋皮一端。

16 将鸡茸卷制成形。

17 将鸡茸卷放入蒸笼中，蒸制 10 分钟。

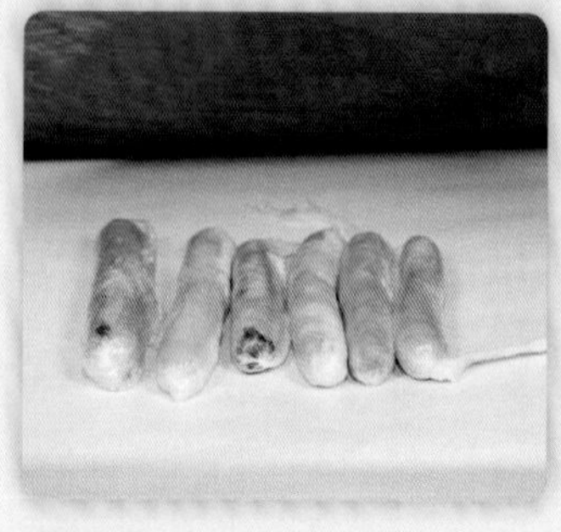

18 出锅后，用菜板压 5 ～ 10 分钟。

19 压制完成后备用。

第三章　花色拼盘基本功单品制作

蓑衣小黄瓜

1 准备粗细均匀且平直的小黄瓜。

2 将小黄瓜去头，刀稍倾斜，进刀深度为原料的三分之二，进行剞刀处理。

3 将黄瓜翻面，处理方法同上。

4 将小黄瓜拉伸、弯曲、折叠造型后装盘。

5 装盘完成，上桌时配上味碟即可。

兰 花

1 准备原料：白萝卜、胡萝卜。

2 将白萝卜和胡萝卜制作成萝卜卷。

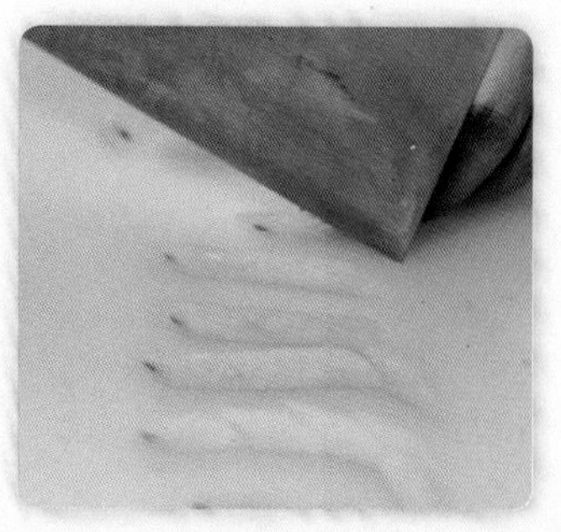

3 将萝卜卷切成马耳朵形。

4 将切好的萝卜卷顺着盘子整齐摆放，围成一圈。

5 按照逐层缩进、间隔交错的原则，完成第二层的拼摆。

6 用相同的手法拼摆一个完整的作品。

7 拼摆完成。

品字形

1 准备原材料：培根、千张。

2 将千张改刀为培根大小。

3 将培根和千张交错重叠，上下都用千张封面。

4 将叠好的培根千张上蒸笼，蒸制 15 分钟。

5 将蒸制好的培根千张用重物压制定形。

6 改刀，摆成品字形即可。

7 另一种品字形拼摆。

一封书

1 准备原材料：卤牛肉。

2 将卤牛肉改刀成 0.2cm 左右的薄片。

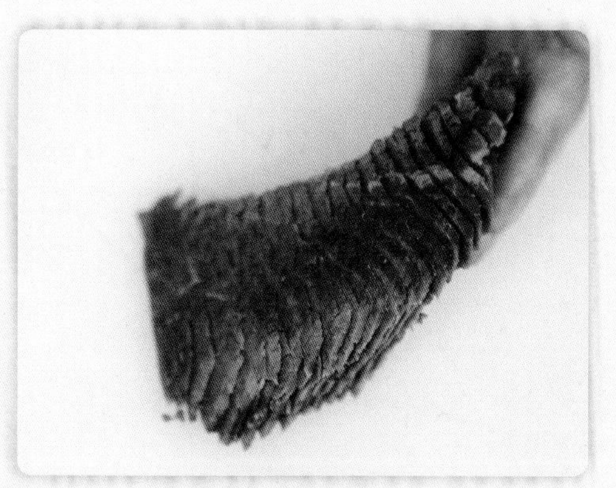

3 将切片完毕的卤牛肉叠成书状，拼摆整齐。

4 拼摆完成。

三叠水

1 准备原材料：青萝卜、鸡卷。

2 将青萝卜去皮改刀为二粗丝。

3 加盐腌制后，用清水洗净。

4 将鸡卷改刀为 0.5cm 薄片。

5 挤出青萝卜丝的水分，垫于盘底。

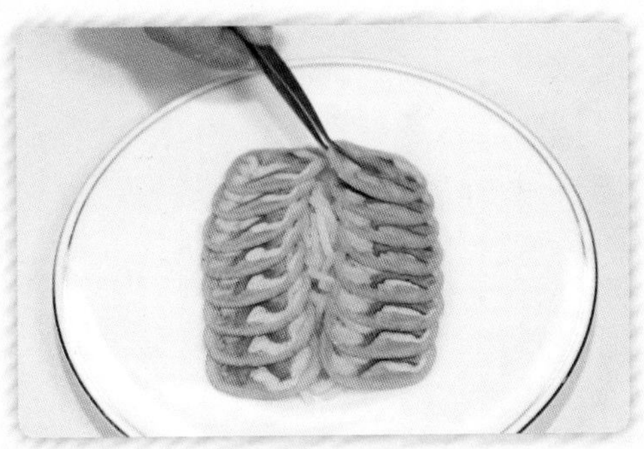

6 用镊子将切好的鸡卷整齐拼摆两列于盘内。

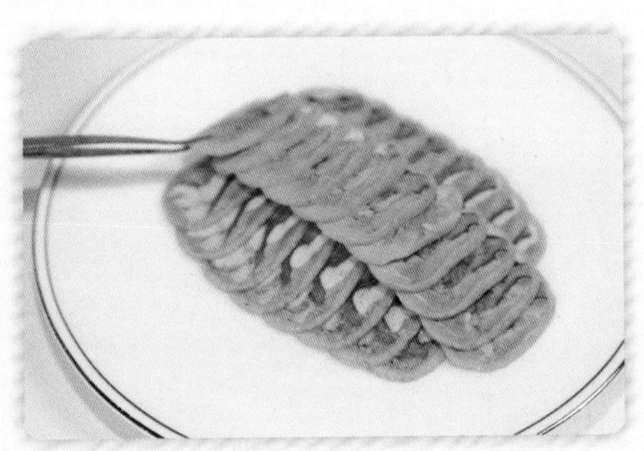

7 在两列鸡卷上方整齐拼摆一列鸡卷。

8 拼摆完成。

风车形

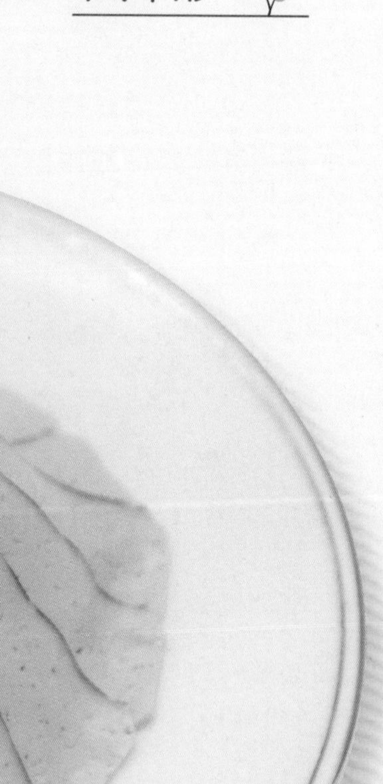

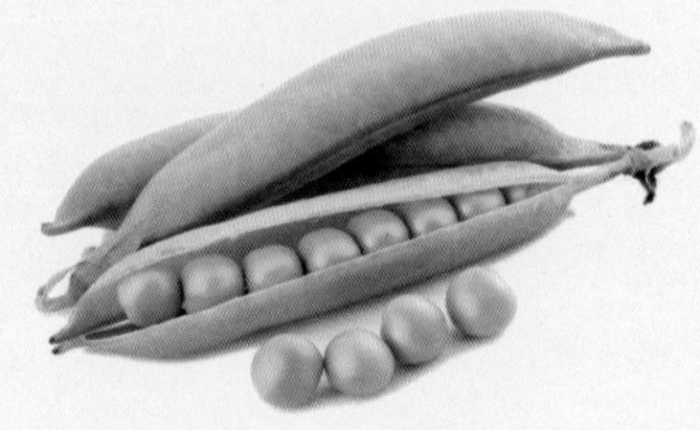

1 准备原材料：白萝卜、烟熏豆干。

2 白萝卜去皮洗净，改刀二粗丝备用。

3 加盐腌制白萝卜丝。

4 加纯净水漂洗腌制好的白萝卜丝。

5 将白萝卜丝挤干水分备用。

6 将烟熏豆干切成 0.15cm 厚的薄片。

7 将白萝卜丝塑形为半球状。

8 将烟熏豆干围绕半球状白萝卜丝均匀拼摆。

9 拼摆完成。

10 摆放西兰花封口。

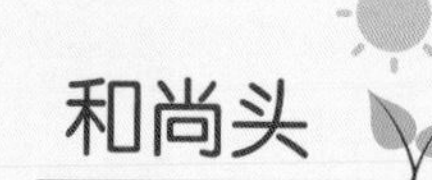

和尚头

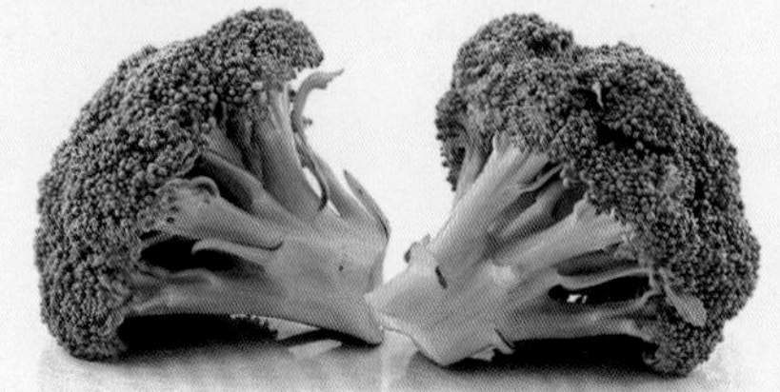

1 准备原材料：烟熏豆干、白萝卜。

2 将白萝卜切二粗丝备用。

3 将切好的白萝卜丝加盐腌制变软。

4 将腌制好的白萝卜丝用清水洗净，控干水分。

5 将烟熏豆干切片备用。

6 将切好的烟熏豆干沿玻璃碗内壁边缘均匀地拼摆一圈。

7 将控干水分的萝卜丝填入碗内。

8 将玻璃碗倒扣入盘内，取下玻璃碗。

9 拼摆完成。

福运绵长

4 CHAPTER 4

第四章　花色拼盘制作实践

平面型拼盘

梅

1 准备原材料：西兰花、青萝卜、心里美萝卜、芥蓝、冬笋、小米椒、胡萝卜、乳黄瓜、冬瓜皮、皮蛋肠、卤牛肉、基围虾、耳卷。

2 取一块青萝卜，用雕刻刀雕刻出梅花树枝。

3 取一段皮蛋肠，用雕刻刀雕刻出山石。

4 取一块冬瓜皮，用雕刻刀雕刻出水草。

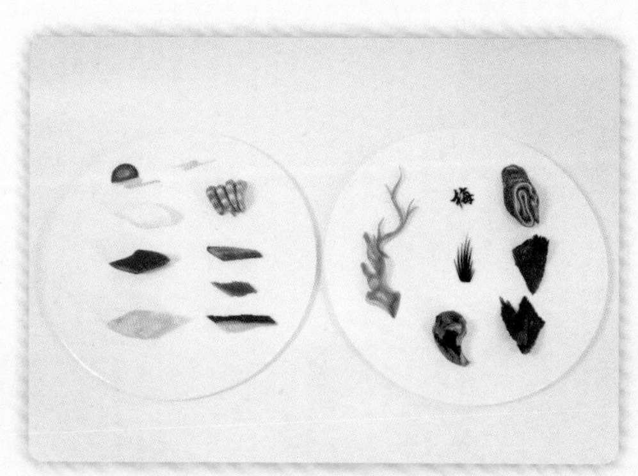

5 将原材料改刀处理完毕后备用。

6 用镊子将雕刻好的梅花树枝摆放在盘内适当的位置。

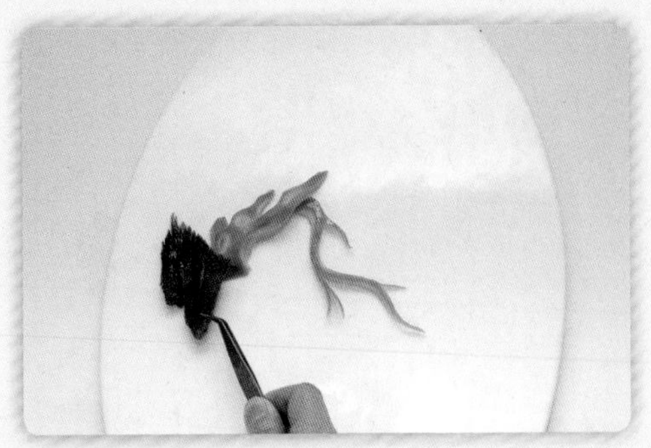

7 用卤牛肉棱角部分作为底部小型的山石。

8 将雕刻好的山石拼摆到树枝下方适当的位置。

9 将冬笋片整齐排列，摆成山峰的形状。

10 将切好的耳卷整齐排列，摆成山峰的形状。

11 将胡萝卜片整齐排列，摆成山峰的形状。

12 将芥蓝片整齐排列，摆成山峰的形状。

13 将卤牛肉片整齐排列，摆成山峰的形状。

14 将基围虾整齐排列，摆成山峰的形状。

15 用西兰花封口。

16 用心里美萝卜、乳黄瓜、胡萝卜拼摆出地平线。

17 将小米椒切为梅花状，并拼摆于盘内适当位置。

18 将冬瓜皮雕成的水草摆放于适当位置。

19 将胡萝卜制成的太阳、青萝卜制成的飘云拼摆于适当位置。

20 用干净的毛笔蘸少许香油刷于制品上。

21 拼摆完成。

兰

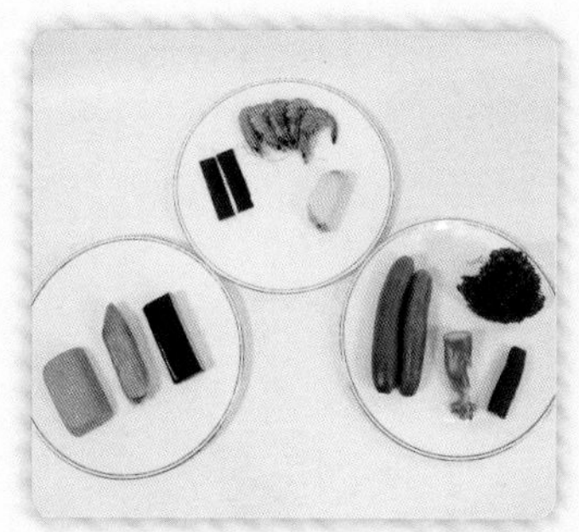

1 准备原材料：鸡卷、鸡蛋干、方火腿、大虾、黄姜、乳黄瓜、芥蓝、胡萝卜、西兰花、冬瓜皮。

2 将所有原材料修形切片，按刀面整齐排列，为拼制底部的山石部分做准备。

3 将胡萝卜切片，做成太阳点缀。

4 用拉线刀把乳黄瓜拉成粗细均匀渐变的条，拼摆出兰花。

5 在兰花的下方用方火腿雕刻出假山状进行拼接，将鸡蛋干拼摆整齐，制成山峰状。

6 将处理好的其他原料拼制成底部的山石，作为食用件。

7 在山石底部用虾仁封口，完成食用件的拼摆。

8 拼摆山石食用件时，注意刀面间距和方向。

9 将整个作品刷一层薄葱油，增加光泽度。

竹

1 准备原材料：冬瓜皮、西兰花、西兰花的根茎、胡萝卜、乳黄瓜、生姜、鸡蛋干、基围虾、大红肠、卤牛肉、火腿肠。

2 取一块冬瓜皮，用手刀在上面雕刻出竹子形状。

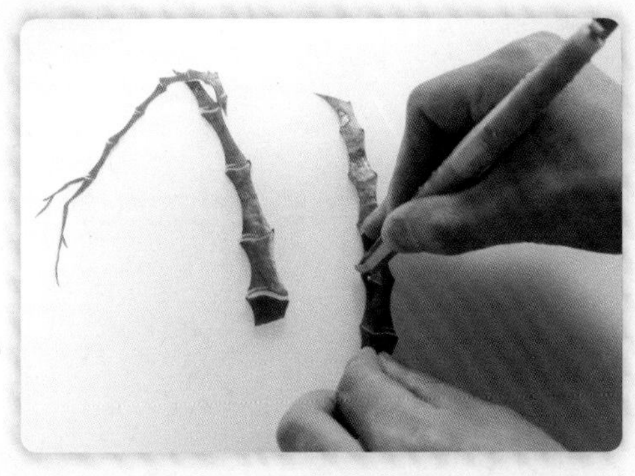

3 用V形线刀在雕刻好的竹子上面拉出竹节。

4 取一块冬瓜皮，用手刀在上面雕刻出竹叶。

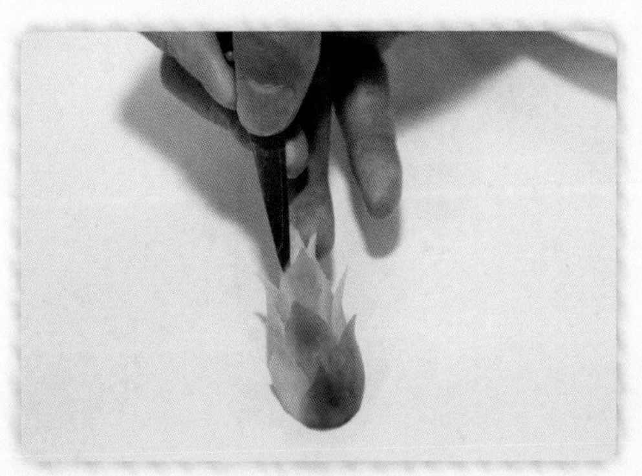

5 取一段西兰花的根茎，用手刀雕刻出竹笋。

6 用镊子将雕刻好的竹子、竹叶、竹笋进行拼摆。

7 取一块火腿肠，用手刀修形成山石状后剞花刀。

8 用镊子将山石拼摆到竹子下方适当的位置。

9 取一块卤牛肉，用菜刀切出较小的山石状。

10 用镊子将切好的山石有层次地拼摆上去。

11 用菜刀将西兰花的根茎斜刀切片并摆成山峰的形状。

12 用菜刀将大红肠斜刀切片并摆成山峰的形状。

13 用手刀将胡萝卜斜刀拉片并推压出山峰的形状。

14 将切好的假山按颜色有层次地拼摆上去。

15 用镊子将处理好的虾仁拼摆上去。

16 用西兰花封口。

17 用镊子将雕刻好的字拼摆上去。

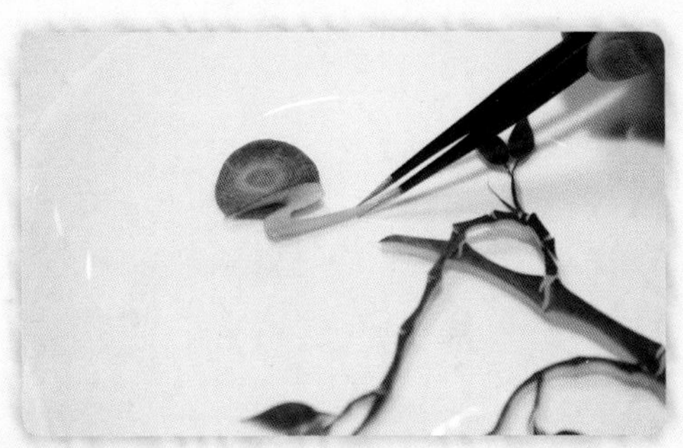

18 用镊子将用乳黄瓜雕刻好的祥云和用胡萝卜切的太阳拼摆上去。

19 取一块冬瓜皮，用手刀雕刻出水草。

20 用镊子将雕刻好的水草拼摆到适当的位置。

21 将菜品刷上香油。

22 拼摆完成。

迎客松

1 准备原材料：鸡蛋干、冬笋、卤牛肉、乳黄瓜、心里美萝卜、豆沙、西兰花、基围虾、冬瓜皮、西兰花梗。

2 取适量豆沙，用雕刻刀塑出松树的树干。

3 取一块冬瓜皮，用雕刻刀雕刻出大雁。

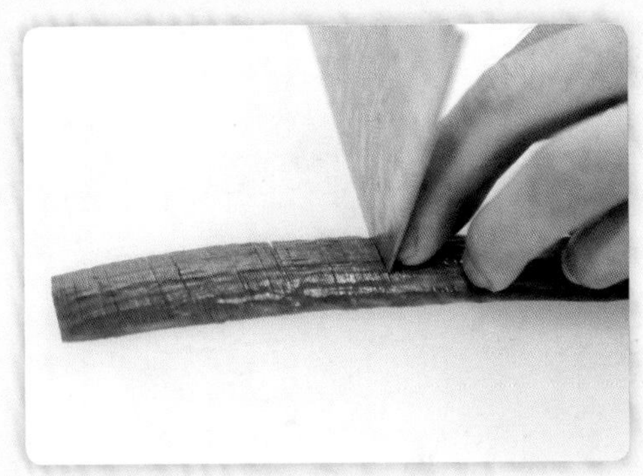

4 取五分之一的乳黄瓜，剞上花刀。

5 将剞好花刀的乳黄瓜分成小段，用菜刀轻轻拍打，呈现出一个个小扇形，作为松树的叶子。

6 将雕刻好的附件和改刀处理好的假山备件装盘备用。

7 将塑好的树干拼摆到盘内适当的位置。

8 用镊子将树叶有规律地拼摆到树冠相应的位置。

9 用镊子拼摆出枝干上的松叶。

10 用镊子拼摆出树干旁边的山石。

11 用镊子有规律地拼摆出下面的假山。

12 用镊子拼摆出侧面的假山。

13 用镊子拼摆上用卤牛肉做的假山。

14 用镊子拼摆上西兰花封口。

15 用镊子拼摆上基围虾再次封口。

16 用镊子将提前雕刻好的太阳、飘云、大雁、字和水草拼摆于盘内适当的位置。

17 用干净的毛笔刷葱油。

18 拼摆完成。

海南风光

1 准备原材料：芥蓝、胡萝卜、西兰花、冬瓜皮、耳卷、乳黄瓜、鸡蛋干、皮蛋肠、方火腿、基围虾。

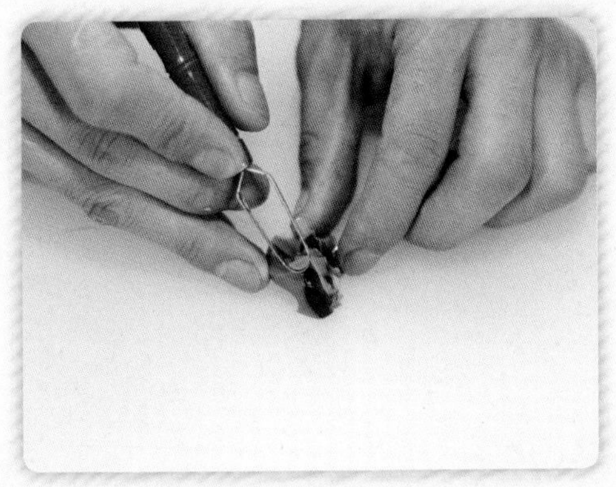

2 取一段皮蛋肠，用掏刀掏出山石。

3 取适量乳黄瓜，用菜刀修出叶子的大形。

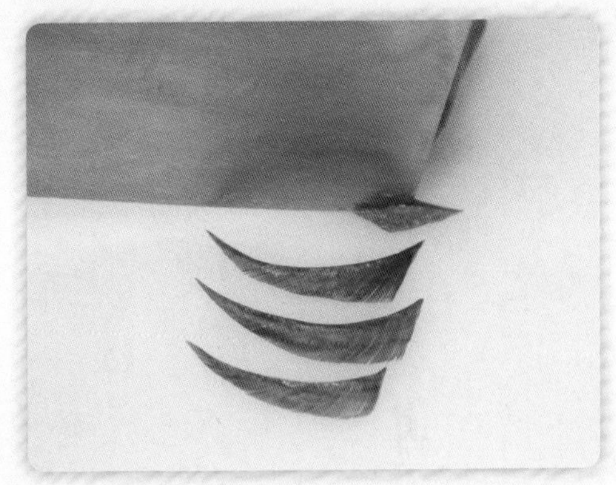

4 用菜刀直刀对叶子进行剞花刀处理（刀刃线和原料边夹角约 45°）。

5 用手刀和拉线刀雕刻出椰子树的树干。

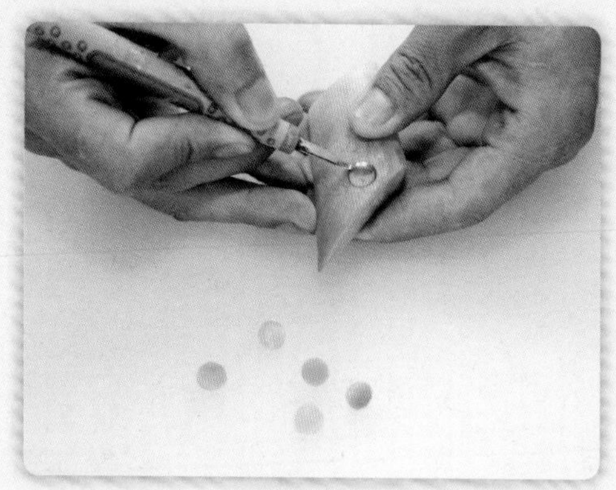

6 用圆形掏刀掏出椰子。

7 将所需要的原材料改刀完毕备用。

8 先将椰子树树干拼摆于盘内适当位置。

9 用镊子将树叶拼摆到树干的相应位置。

10 用镊子拼摆出另一棵椰子树的叶子。

11 将山石拼摆于树干下方适当的位置。

12 用镊子有层次地拼摆出下面的假山。

13 用镊子将椰子拼摆到相应的位置。

14 用镊子将提前雕刻好的太阳、飘云、海鸥、字和水草拼摆于盘内适当的位置。

15 拼摆完成。

青城山水

1 准备原材料：心里美萝卜、西兰花、海鲜菇、乳黄瓜、冬笋、冬瓜皮、芥蓝、鸡蛋干、基围虾、卤牛肉、胡萝卜。

2 用手刀将鸡蛋干雕刻成亭子。

3 用手刀及拉线刀将胡萝卜雕刻成小桥。

4 用手刀将鸡蛋干雕刻成小船。

5 将原材料改刀完毕备用。

6 用芥蓝拼摆出山峰形状。

7 用相似手法有层次地拼摆其余山峰。

8 用西兰花、基围虾、乳黄瓜封口。

9 用镊子将亭子摆放于盘内适当位置。

10 用镊子将小桥摆放于盘内适当位置。

11 用镊子将太阳、飘云、白鹭摆放于适当位置。

12 用镊子将水纹及小船摆放于盘内适当位置。

13 拼摆完成。

十年寒窗

十年寒窗

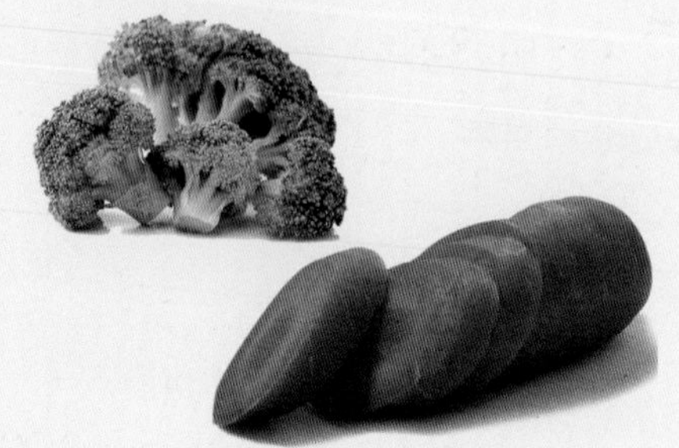

1 准备原材料：基围虾、冬瓜皮、鸡蛋干、生姜、蛋白糕、卤牛肉、蒜薹、芥蓝、胡萝卜、耳卷、鸭脯卷、皮蛋肠、西兰花、大红椒。

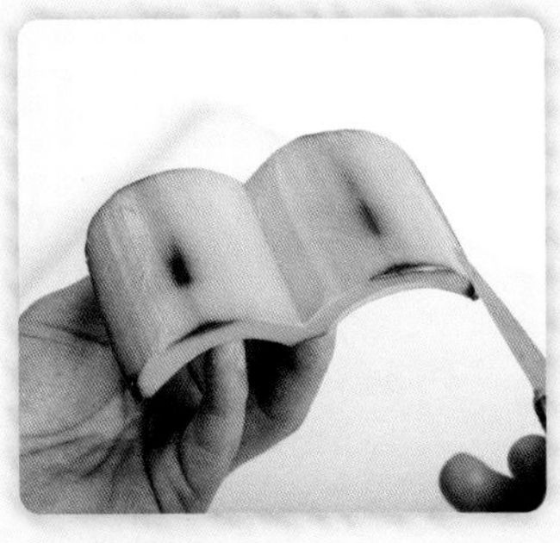

2 将鸡蛋干用雕刻刀雕出书本的形状。

3 将蛋白糕切片，整齐排列于墩面上，用菜刀切出书本页面形状并贴于书本上。

4 用镊子将黄瓜皮拼摆到页面上，作为页面上的文字。

5 用皮蛋肠雕刻出梅花枝干。

6 用鸡蛋干和胡萝卜雕刻出毛笔。

7 用鸡蛋干雕刻出窗格。

8 用鸡蛋干雕刻出屋檐。

9 用冬瓜皮雕刻出蝴蝶。

10 将原材料改刀备用。

11 用镊子将雕刻好的窗格拼摆于盘内。

12 用镊子拼摆上屋檐和梅花枝干。

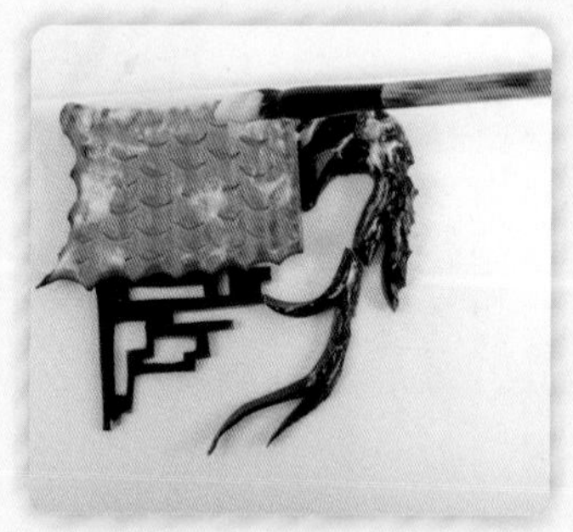

13 用毛笔在屋檐和梅花枝干上刷上沙拉酱，作为积雪。

14 用镊子拼摆上用大红椒雕刻好的梅花。

15 用镊子将做好的书本拼摆到盘内适当位置。

16 用镊子拼摆上毛笔。

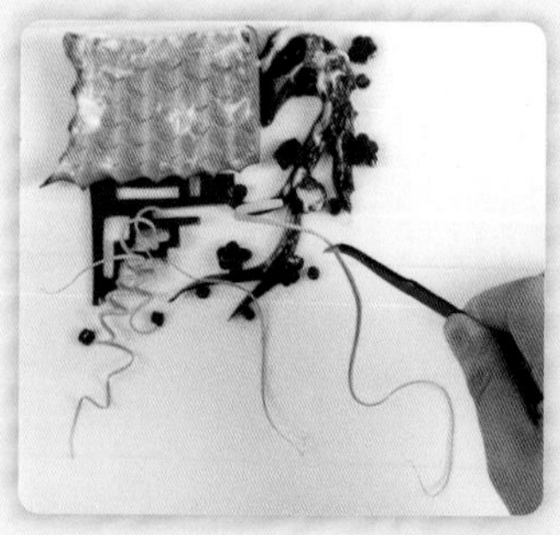

17 用镊子拼摆上用蒜薹雕刻好的藤蔓。

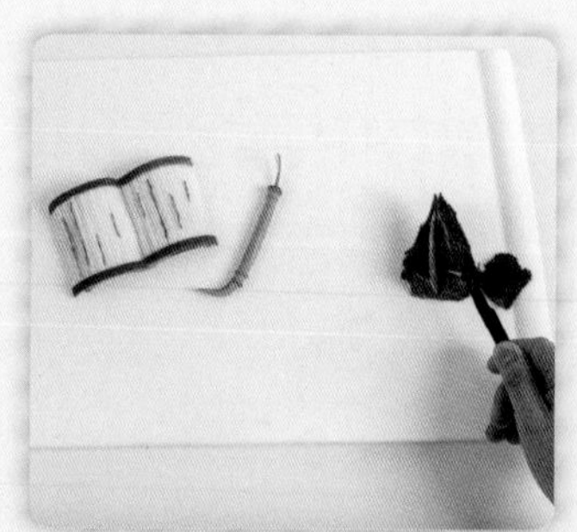

18 用镊子拼摆上用卤牛肉做的山石。

19 用镊子依次拼摆出下面的山石。

20 用西兰花封口点缀。

21 用镊子拼摆上水草点缀。

22 用镊子拼摆上蝴蝶。

23 用镊子拼摆上祥云和太阳。

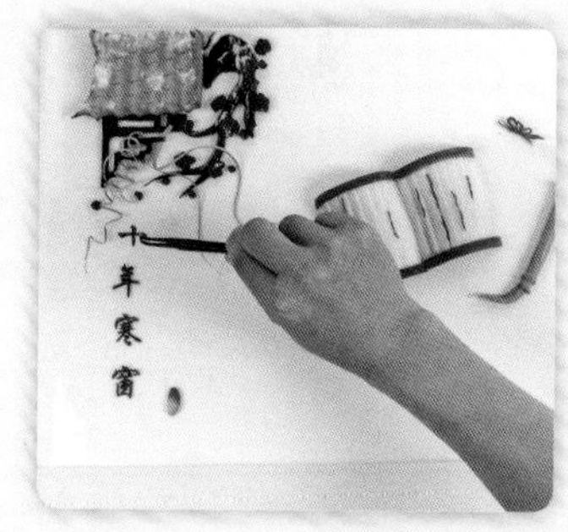

24 用镊子拼摆雕刻好的主题文字。

25 拼摆完成后的十年寒窗成品图 1。

26 拼摆完成后的十年寒窗成品图 2。

一帆风顺

一帆风顺

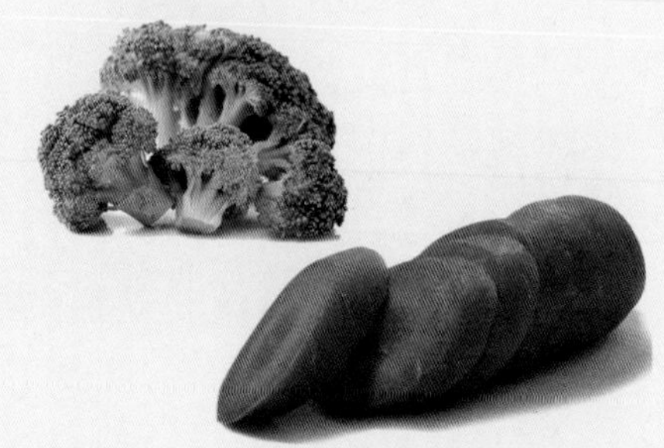

1 准备原材料：卤牛肉、银耳、冬笋、心里美萝卜、青萝卜、胡萝卜、芥蓝、西兰花、鸡蛋干、皮蛋肠、白萝卜、基围虾、鱼茸卷、耳卷、冬瓜皮。

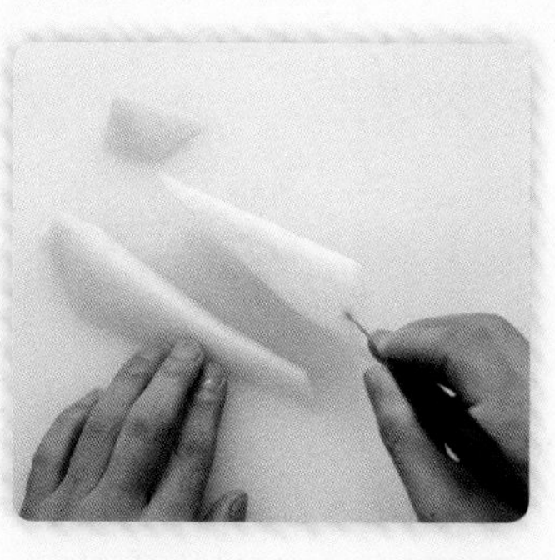

2 将白萝卜用雕刻刀雕刻出帆船备用。

3 用菜刀修出帆的大型。

4 用雕刻刀雕刻出帆的形状备用。

5 将心里美萝卜切片，排列于墩面，用雕刻刀雕出帆的形状。

6 用镊子将片状的胡萝卜贴于用白萝卜雕刻好的帆上。

7 将鸡蛋干切片，整齐地排列于墩面上，用雕刻刀取出帆船的正面形状。

8 将片状鸡蛋干贴于帆船的船舷上。

9 将所需原材料改刀完毕备用。

10 将大的帆船拼摆到盘内适当位置。

11 将冬瓜皮用镊子夹住，排成如图所示的桅杆。

12 用同样的方法拼摆出另一艘帆船，用镊子夹住白萝卜条，拼摆成如图所示的船主干。

13 用冬瓜皮作帆上的绳子，拼摆到适当的位置。

14 用镊子拼摆上海鸥。

15 将制作好的帆拼摆到桅杆上。

16 依次拼摆出其他的帆，并拼摆成帆船的形状。

17 将银耳作为浪花贴于船底。

18 将改刀处理好的原材料拼制成底部的山石，并拼摆到盘内适当位置。

19 用同样的方法依次拼摆出下面的山石。

20 用西兰花封口。

21 用同样的方法拼摆出另一边的山石。

22 用镊子摆放上水草。

23 用镊子将水纹摆放到适当位置。

24 摆放上雕刻好的太阳和字。

25 拼摆完成。

一曲相思

1 准备原材料：鸡蛋干、西兰花、冬瓜皮、青萝卜、心里美萝卜、白萝卜、乳黄瓜、卤牛肉、鱼茸卷、基围虾、耳卷、鸭脯卷、蛋白糕、芥蓝、鲈鱼蛋黄卷、胡萝卜。

2 将白萝卜用雕刻刀雕刻出琵琶的琴身。

3 取一块鸡蛋干，用雕刻刀雕刻出琵琶的相。

4 取一块鸡蛋干，用雕刻刀雕刻出琴头，用U形刀在琴槽两边的挡板上各戳出两个小孔，以固定琴轴。

5 用胡萝卜雕刻出琴轴，并用线刀拉出琴轴上的纹路。

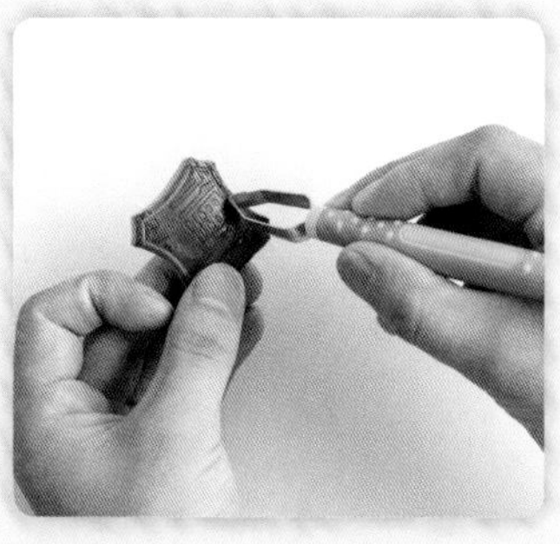

6 取一块鸡蛋干，雕刻出琴头上的装饰部件。

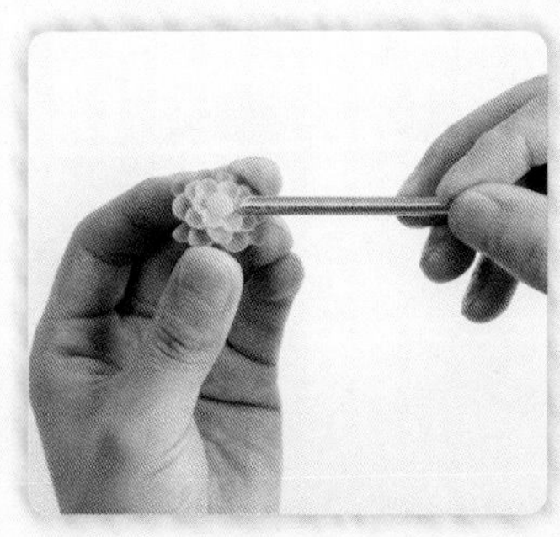

7 取一节胡萝卜，用U形刀戳出琴头上的雕花。

8 取一块胡萝卜，用雕刻刀雕刻出搏弦。

9 用镊子将琴弦固定在搏弦上。

10 取心里美萝卜厚片，用雕刻刀雕刻出窗角花花纹。

11 将心里美萝卜切片，拼出窗格下的小花。

12 将所需原材料改刀完毕备用。

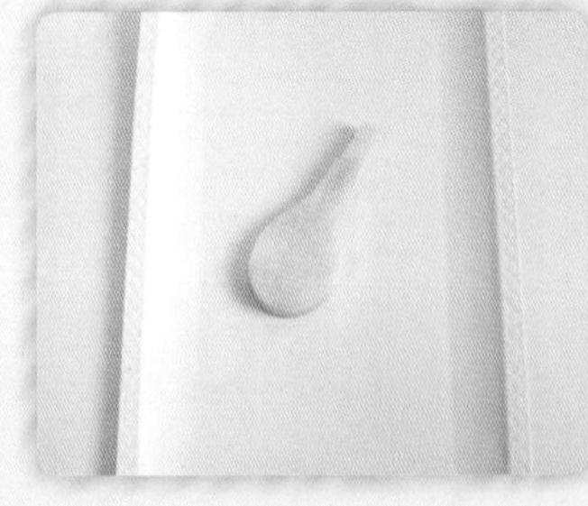

13 将雕刻好的琴身放在盘内最佳位置。

14 将蛋白糕切片，整齐排列于墩面，用雕刻刀取出琵琶面板的形状，并拼摆到雕刻好的底坯上面。

15 将乳黄瓜切片并整齐地拼摆出琵琶的侧面部分。

16 用镊子将琴头拼摆于琴颈上面。

17 用镊子将琴轴安装到琴头上面。

18 用镊子将相拼摆到琴颈上面。

19 用镊子将搏弦拼摆于琵琶面板的适当位置，并固定好琴弦。

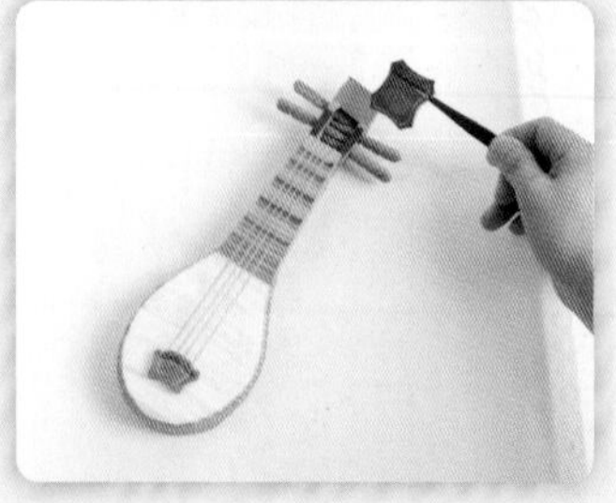

20 用镊子拼摆琴头上的装饰部件。

21 用镊子将雕花拼摆到琴头上。

22 用镊子将窗角花拼摆到盘子的右上方。

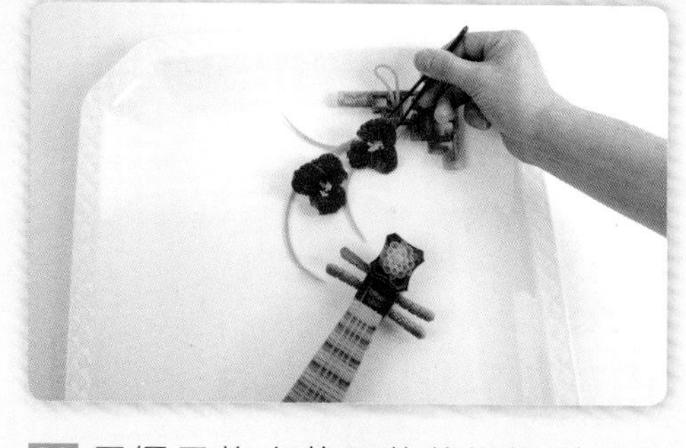

23 用镊子将小花和藤蔓拼摆到适当位置。

24 用镊子将处理好的原材料拼摆制成底部山石。

25 用同样的方法拼摆出下面的山石。

26 用西兰花封口点缀。

27 用镊子摆放上水草点缀。

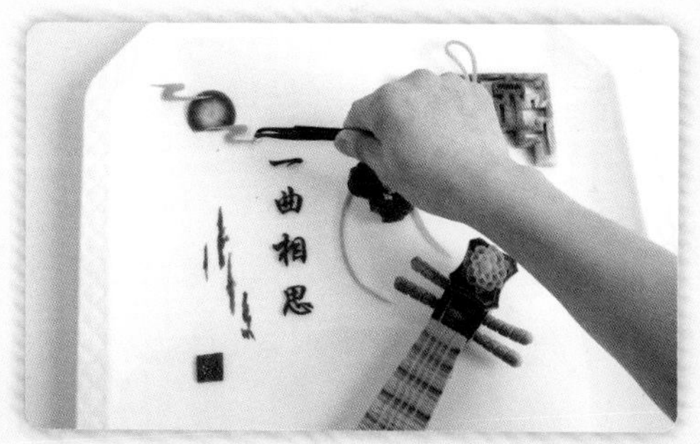

28 用镊子摆放上雕刻好的太阳、飘云、字等附件。

29 拼摆完成。

半立体型拼盘

菊

1 准备原材料：西兰花、基围虾、蒜薹、冬瓜皮、胡萝卜、耳卷、卤猪舌、皮蛋肠、乳黄瓜、鸡蛋皮、培根千张。

2 取一张鸡蛋皮，将其改刀为长方形，对折后斜刀剞花刀。

3 将剞完花刀的鸡蛋皮卷起，制作菊花。

4 取一段皮蛋肠，用手刀雕刻出山石。

5 取适量蒜薹，用手刀雕刻出菊花枝干。

6 取适量冬瓜皮，用手刀和拉线刀雕刻出菊花叶片。

7 将原材料改刀完毕备用。

8 将菊花枝干拼摆于盘内适当位置。

9 将菊花拼摆于枝干适当位置。

10 将叶片拼摆于枝干适当位置。

11 将山石拼摆于枝干底部适当位置。

12 将卤猪舌拼摆为山峰形，放在山石下方合适位置。

13 将胡萝卜拼摆为山峰形，放于适当位置。

14 将乳黄瓜拼摆为山峰形，放于合适位置。

15 将耳卷拼摆为山峰形，放于合适位置。

16 将培根千张拼摆于合适位置。

17 将胡萝卜拼摆为山峰形，放于合适位置。

18 使用西兰花封口。

19 将基围虾拼摆于合适位置。

20 将提前雕刻好的草、字、太阳、飘云拼摆于盘内适当位置。

21 拼摆完成。

荷

1 准备原材料：基围虾、乳黄瓜、青萝卜、培根千张、西兰花、卤牛肉、鲜百合、卤猪舌、土豆泥。

2 取一个鲜百合，用雕刻手刀雕刻出荷花花瓣。

3 将雕刻好的花瓣汆水。

4 将汆好水的花瓣放入凉水中浸泡，防止其变色。

5 用雕刻手刀取适量长度的乳黄瓜备用。

6 使用V形戳刀沿乳黄瓜边缘戳出花蕊。

7 使用雕刻手刀修整边缘。

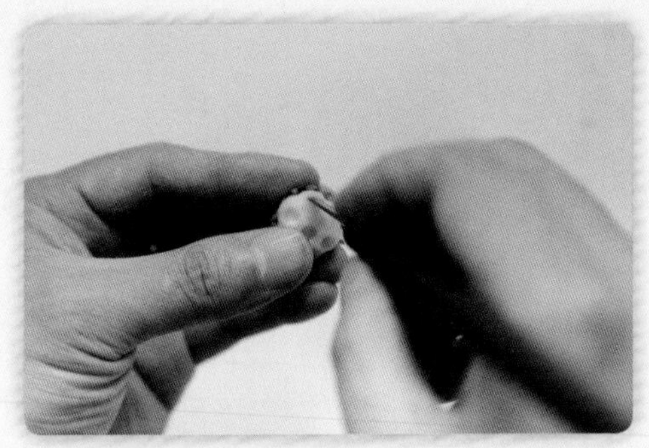

8 使用木刻 U 刀戳出莲子。

9 在盘内适当位置放少许土豆泥。

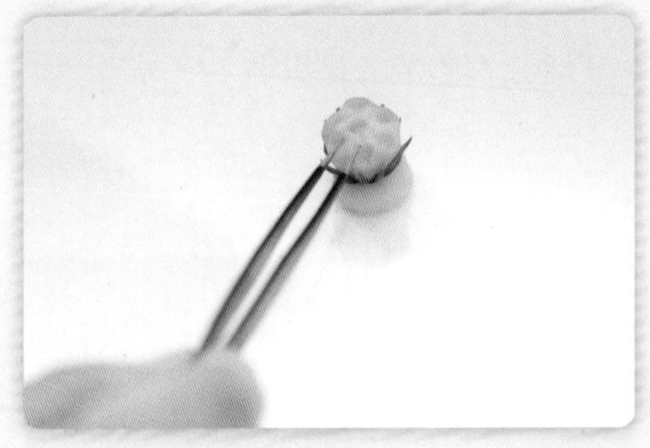

10 将雕刻完成的莲蓬固定于土豆泥上。

11 用镊子将荷花花瓣拼摆成荷花。

12 取一段青萝卜，用 U 形戳刀和拉线刀刻出荷叶叶脉。

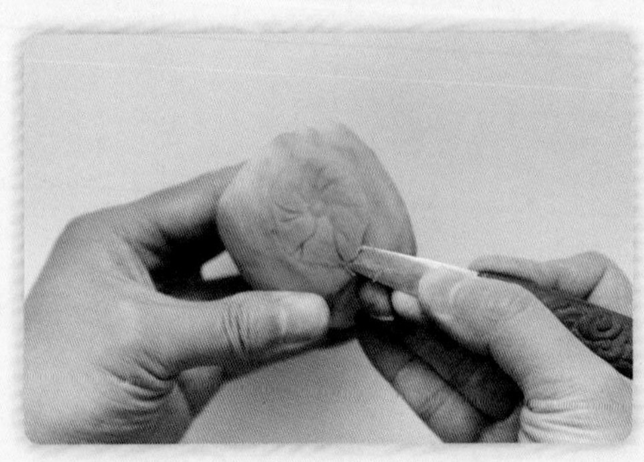

13 用雕刻手刀取出荷叶。

14 用镊子将荷叶摆放于盘内适当位置。

15 取适量卤牛肉，改刀为山石状。

16 将卤牛肉拼摆于盘内适当位置。

17 将培根千张拼摆于盘内适当位置。

18 取适量卤猪舌切片。

19 将改刀的卤猪舌拼摆于盘内适当位置。

20 用镊子摆放西兰花封口。

21 用镊子摆放基围虾封口。

22 拼摆完成。

蝶

1 准备原材料：蛋黄糕、蛋白糕、卤牛肉、基围虾、胡萝卜、西兰花、鲜百合、青萝卜、豆沙。

2 用菜刀将胡萝卜改刀成雨滴状。

3 用雕刻手刀将胡萝卜拉成片。

4 取一块青萝卜，用雕刻手刀雕刻出蝴蝶尾。

5 取一块青萝卜，用雕刻手刀雕刻出蝴蝶的脚。

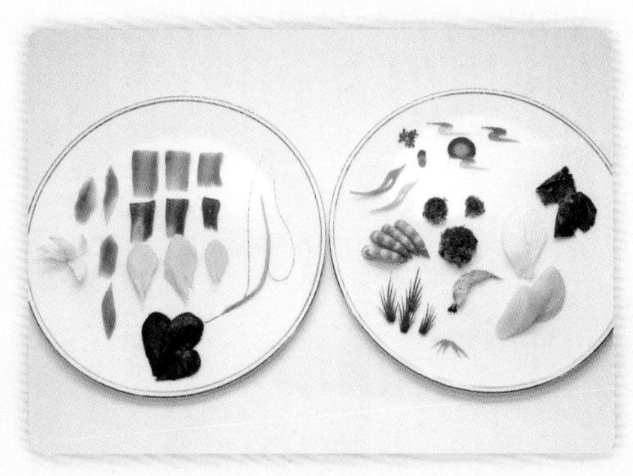

6 将原材料改刀完毕备用。

7 将豆沙捏成雨滴状薄片，拼摆于盘内适当位置。

8 将改刀的青萝卜塑为雨滴状，拼摆于豆沙上。

9 将改刀的胡萝卜塑为雨滴状，拼摆于豆沙上与青萝卜相连。

10 用豆沙塑出中间的翅膀，拼摆到相应位置。

11 用同样的方法拼摆出中间的翅膀。

12 用镊子拼摆出尾部翅膀。

13 取一段虾作为蝴蝶的身体，并用虾的眼睛作为蝴蝶的眼睛。

14 用镊子将蝴蝶身体拼接到翅膀上。

15 用镊子将蝴蝶脚拼接到身体上。

16 用镊子将蝴蝶尾拼接到尾部适当的位置。

17 用镊子将虾须拼接到蝴蝶头部适当的位置，作为蝴蝶的触须。

18 用镊子将处理好的原材料有层次地拼摆出假山和花。

19 用镊子将花叶拼摆到相应位置。

20 用镊子将雕刻好的太阳、飘云、字和水草拼摆于盘内适当的位置。

21 拼摆完成。

蝶恋花

1 准备原材料：乳黄瓜、心里美萝卜、青萝卜、广式香肠、土豆泥、鸡蛋干、胡萝卜、冬瓜皮、西兰花、基围虾。

2 用雕刻刀将土豆泥雕塑出蝴蝶的形状。

3 用雕刻刀雕刻出兰花的叶、花和花枝。

4 用雕刻刀雕刻出蝴蝶的触角、足和眼。

5 用雕刻刀雕刻出蝴蝶的尾突。

6 用镊子将黄瓜片拼摆出蝴蝶身体。

7 将原材料改刀完毕后备用。

8 用镊子将改刀后的食材拼摆出蝴蝶翅膀的形状。

9 用同样的方法依次拼摆出蝴蝶的翅膀。

10 用镊子摆放上蝴蝶的身体。

11 用镊子摆放上蝴蝶的触角和眼睛。

12 用镊子拼摆上蝴蝶的足和尾突。

13 用镊子将各种原料拼摆成群山的造型。

14 用镊子拼摆出兰花的形状。

15 用镊子摆放上水草点缀。

16 用镊子摆放上黄瓜丝作为水纹。

17 用镊子摆放上祥云和太阳。

18 拼摆完成。

金鱼戏莲

1 准备原材料：青萝卜、乳黄瓜、胡萝卜、心里美萝卜、澄面。

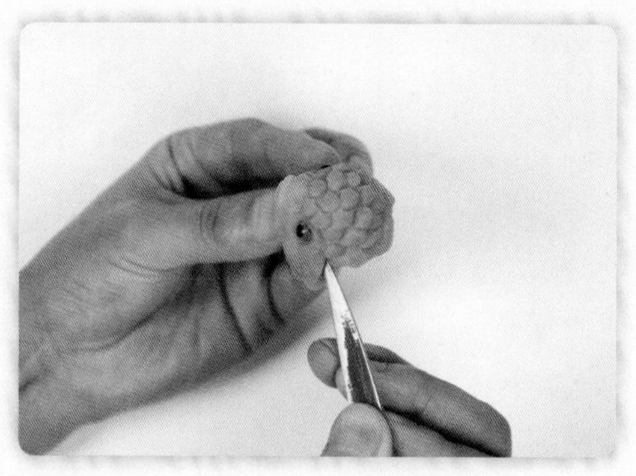

2 用雕刻刀将胡萝卜雕刻出金鱼的头部。

3 将原材料改刀完毕后备用。

4 将澄面塑出金鱼身体部分，并摆放到盘内适当位置。

5 用镊子将雕刻好的金鱼头部和身体进行拼接。

6 用镊子将澄面塑好的金鱼尾和身体进行拼接。

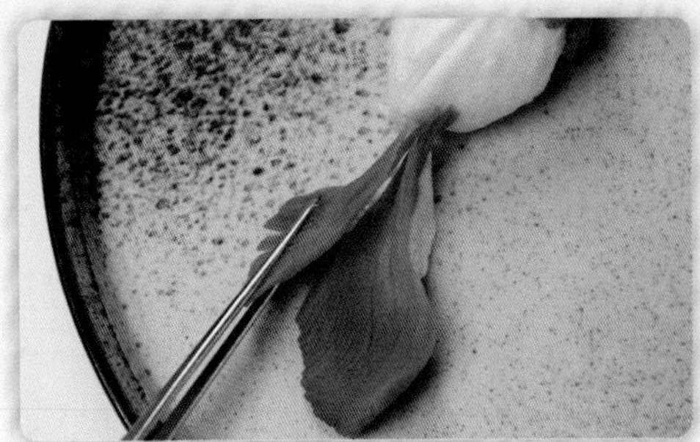

7 用镊子将改好刀的原材料拼摆出金鱼尾部的纹理。

8 用同样的方法拼摆出金鱼尾部的其他部分。

9 用镊子将改好刀的原材料拼摆出金鱼的背鳍。

10 用镊子将金鱼鳞片有序地拼接到金鱼的身体上面。

11 用镊子将最后的鳞片镶嵌到金鱼头里。

12 用镊子将改好刀的原材料拼摆出金鱼的鱼鳍。

13 用澄面塑出荷花花苞的胚。

14 用镊子将改好刀的原材料拼摆出荷花的花瓣。

15 用澄面塑出荷叶的胚。

16 用镊子将改好刀的乳黄瓜拼摆出荷叶的纹理。

17 用同样的方法拼摆出整片荷叶。

18 用镊子拼摆雕刻好的小荷叶。

19 用镊子拼摆雕刻好的水珠作为点缀。

20 拼摆完成。

四季长春

1 准备原材料：西兰花、咸蛋黄鲈鱼卷、鸭脯卷、兔卷、鱼茸卷、皮蛋肠、卤猪肝、冬瓜皮、基围虾、心里美萝卜、胡萝卜、乳黄瓜、红豆味土豆泥。

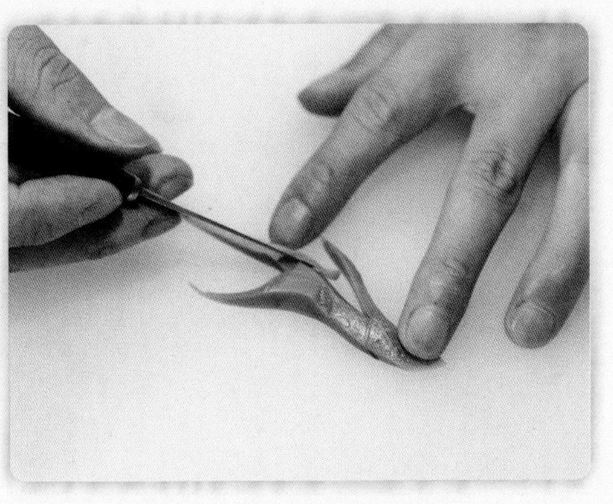

2 用手刀将皮蛋肠雕刻成花枝。

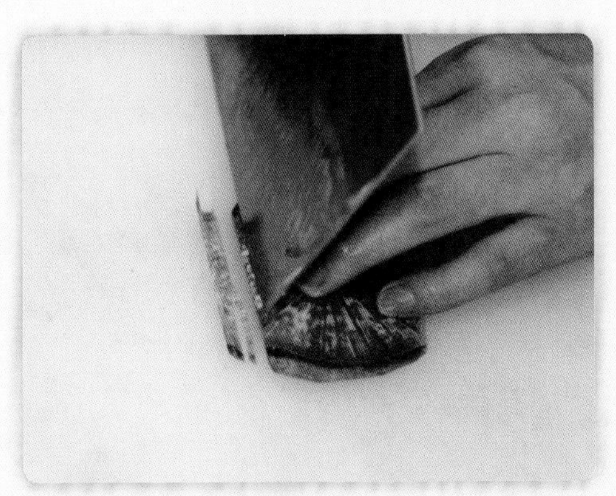

3 用菜刀将心里美萝卜修为雨滴状的块。

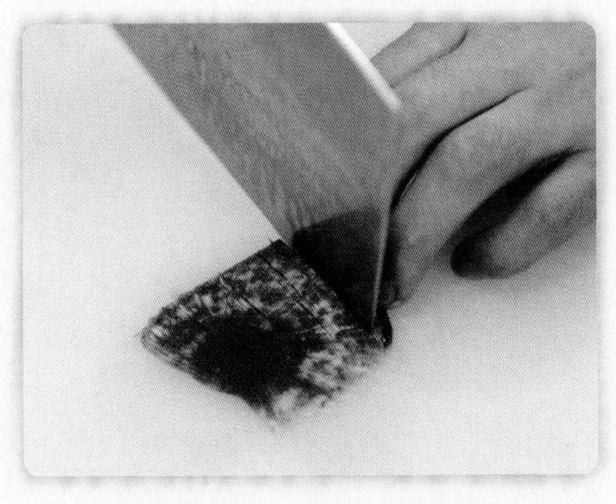

4 用菜刀将修完形后的心里美萝卜切片。

5 将胡萝卜切为细丝，作花蕊备用。

6 将原材料改刀完成后备用。

7 用镊子将树枝拼摆于盘内适当位置。

8 将红豆味土豆泥捏成花胚。

9 将切片后的心里美萝卜作为花瓣，并用镊子拼摆于花胚内。

10 有层次地拼摆出剩余花瓣。

11 摆放花蕊，即完成第一朵月季花的制作。

12 用相似手法拼摆花苞。

13 用镊子将叶子摆放于适当位置。

14 用镊子将叶子摆放于月季花周围。

15 将咸蛋黄鲈鱼卷等原材料拼摆出山峰状。

16 拼摆完成。

丝丝入扣

1 准备原材料：青萝卜、心里美萝卜、乳黄瓜、鸡蛋干、胡萝卜、兔卷、基围虾、生姜、白萝卜、西兰花、澄面、青椒、冬瓜皮。

2 将原材料改刀完毕后备用。

3 将雕刻好的树枝摆放到盘子右上角的适当位置。

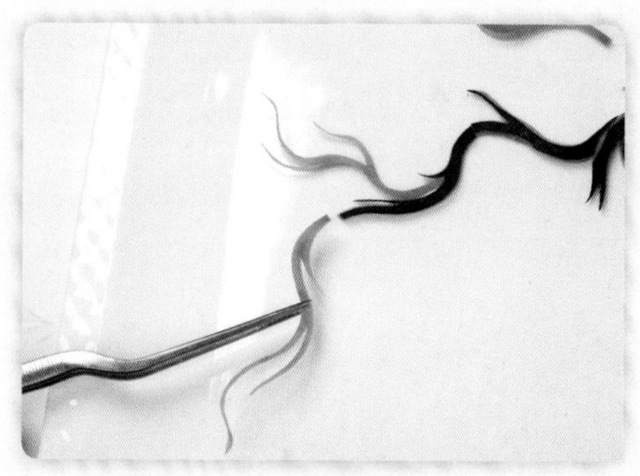

4 将雕刻好的丝瓜藤蔓拼接到树枝上。

5 将用澄面塑好的丝瓜胚摆放到适当的位置。

6 用镊子将改好刀的青椒拼摆出丝瓜的纹理。

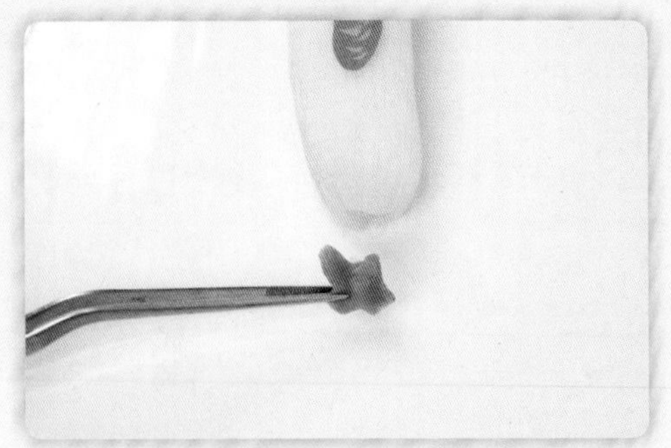

7 用镊子摆放上雕刻好的丝瓜花。

8 用镊子将改好刀的原材料拼摆出丝瓜的叶子。

9 用同样的方法拼摆出其他丝瓜叶子，并做出造型。

10 用镊子将雕刻好的叶子拼摆到适当位置。

11 用镊子将改好刀的原材料拼摆成雨滴状，作为蝴蝶的翅膀。

12 用同样的方法拼摆出蝴蝶其他的翅膀。

13 用镊子摆放上雕刻好的蝴蝶身体。

14 用镊子摆放上蝴蝶的触须。

15 用雕刻好的鸡蛋干拼摆出假山底部的山石部分。

16 用镊子将改好刀的原材料拼摆出其他假山部分。

17 将改好刀的鸡蛋干和虾拼摆出平地部分。

18 用西兰花封口点缀。

19 用镊子摆放上雕刻好的小草点缀。

20 拼摆完成。

桃李满园

1 准备原材料：皮蛋肠、大红肠、青萝卜、心里美萝卜、蒜薹、蛋白糕、紫薯泥、基围虾、海鲜菇、冬瓜皮、西兰花、鸭脯卷、鱼茸卷。

2 用手刀将皮蛋肠雕刻成树枝状。

3 用手刀将蒜薹雕刻成藤蔓。

4 用手刀将紫薯泥塑成桃胚。

5 用手刀将紫薯泥塑为李子胚。

6 用手刀将青萝卜切片，制作叶子。

7 用菜刀将心里美萝卜及青萝卜改刀成薄片并剞花刀。

8 将原材料改刀完毕备用。

9 在盘内合适位置摆放树枝。

10 将剞完花刀的心里美萝卜贴于桃胚上。

11 将制作完成的桃胚摆于盘内适当位置。

12 用相同手法制作另一个桃胚并拼摆至适当位置。

13 将剞完花刀的青萝卜贴于李子胚上。

14 将李子胚制作完成并拼摆于盘内适当位置。

15 将大红肠等原材料拼摆出山峰状。

16 用镊子将藤蔓摆放至适当位置。

17 用镊子将叶子摆放至适当位置。

18 用镊子将雕刻好的太阳、飘云、字摆放至适当位置。

19 拼摆完成。

平平安安

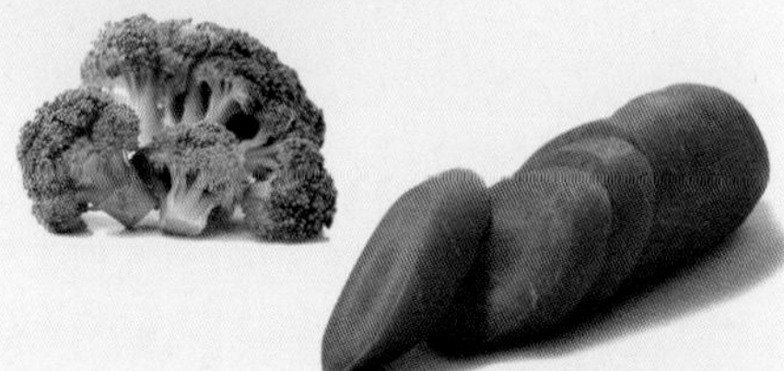

1 准备原材料：冬瓜皮、西兰花、兔卷、鸡蛋干、乳黄瓜、胡萝卜、白萝卜、心里美萝卜、澄面。

2 用雕刻刀将白萝卜雕刻成花瓶状。

3 将原材料改刀完毕后备用。

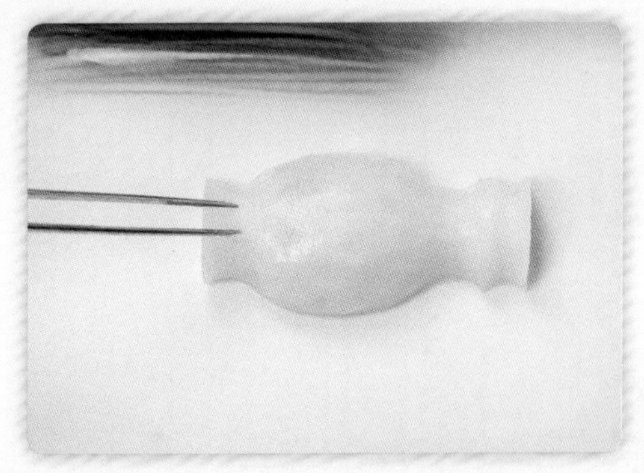

4 用镊子将雕刻好的花瓶摆放到盘内适当位置。

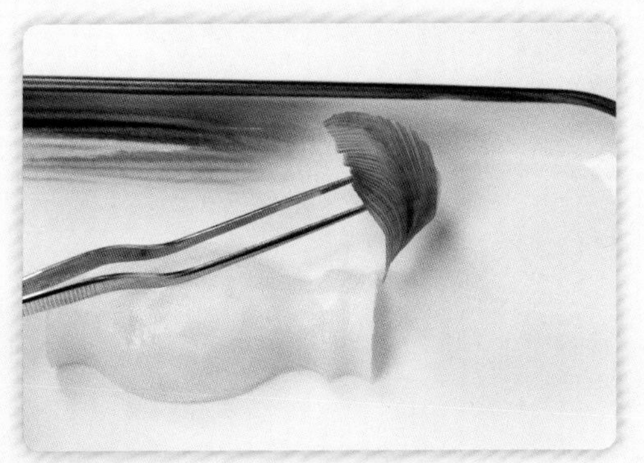

5 用镊子将改好刀的乳黄瓜拼摆成叶子的形状，并摆放到花瓶口适当的位置，做出造型。

6 用同样的方法拼摆出其他的叶子。

7 用镊子摆放上西兰花和花苞。

8 用镊子拼摆上小草，作为点缀。

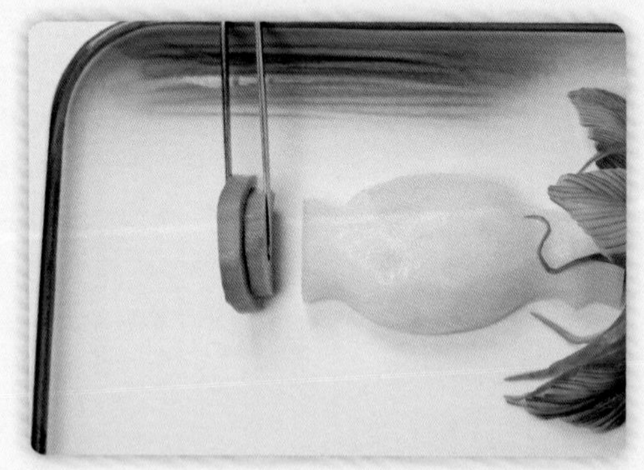

9 用镊子拼摆上雕刻好的花瓶底座。

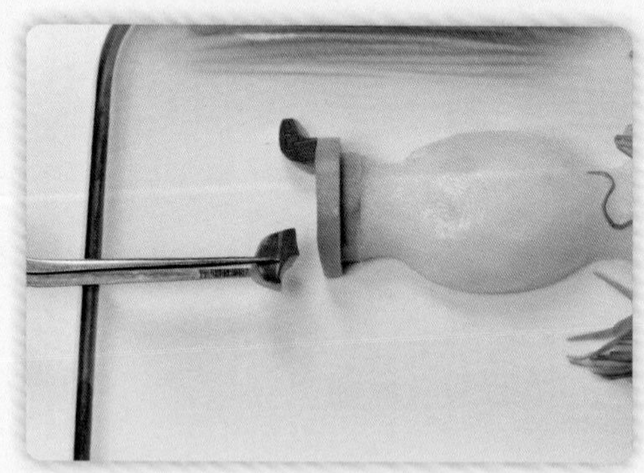

10 用镊子将雕刻好的花瓶底座部分进行拼接。

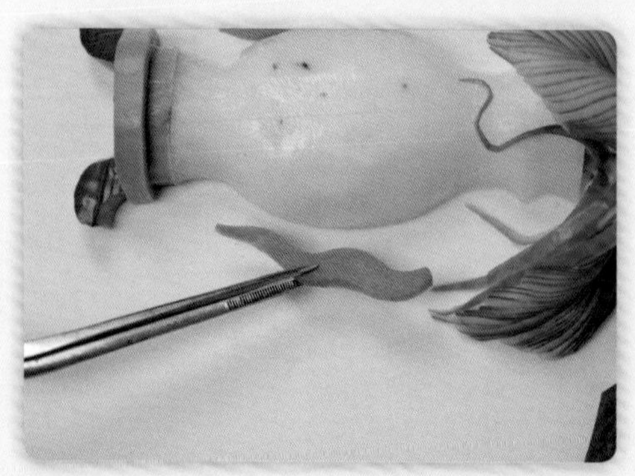

11 用镊子将雕刻好的花瓶耳朵与花瓶进行拼接。

12 用镊子将雕刻好的树枝拼接到花瓶表面，作为装饰。

13 用镊子将雕刻好的鸡蛋干进行拼接，作为假山底部的山石部分。

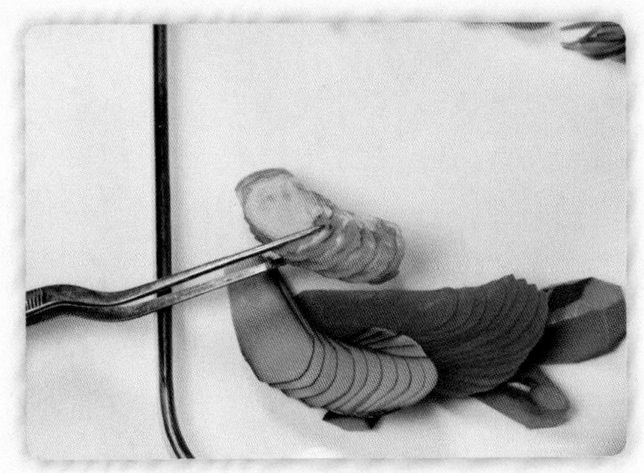

14 用镊子将改好刀的原材料拼摆出其他的山峰。

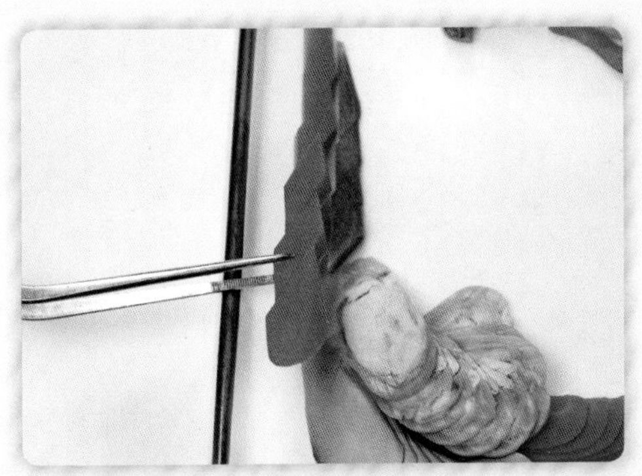

15 用胡萝卜和心里美萝卜拼摆出平地部分。

16 用西兰花封口。

17 用镊子摆放上雕刻好的小草点缀。

18 拼摆完成。

福运绵长

1 准备原材料：蒜薹、小葱、西兰花、胡萝卜、冬笋、红灯笼椒、黄灯笼椒、乳黄瓜、芥蓝、鸭脯卷、咸蛋黄鲈鱼卷、鱼茸卷、红豆味土豆泥。

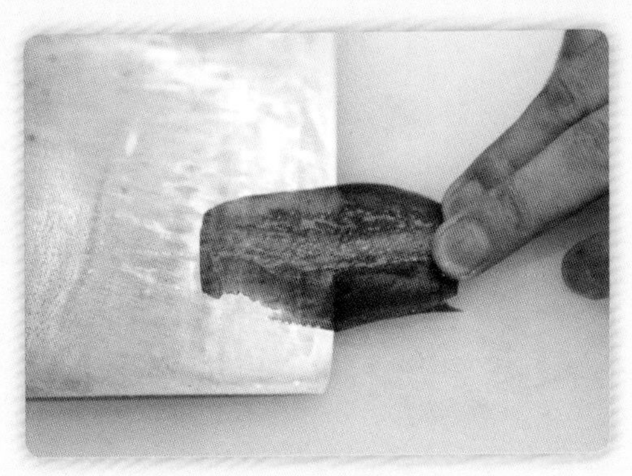

2 用菜刀将红灯笼椒去瓤、去皮，留中间 0.2cm ～ 0.3cm 厚度的片。

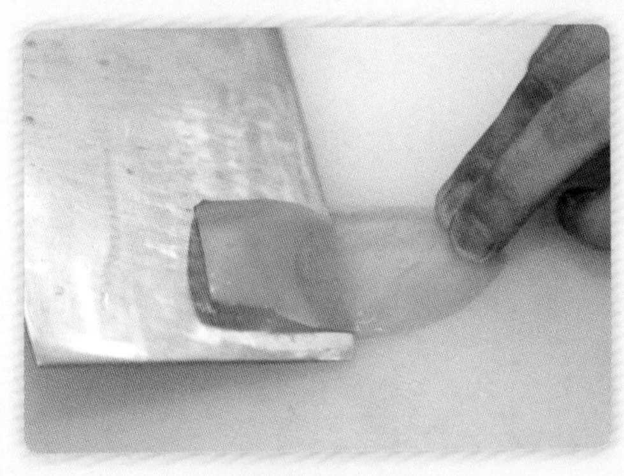

3 用菜刀将黄灯笼椒去瓤、去皮，留中间 0.2cm ～ 0.3cm 厚度的片。

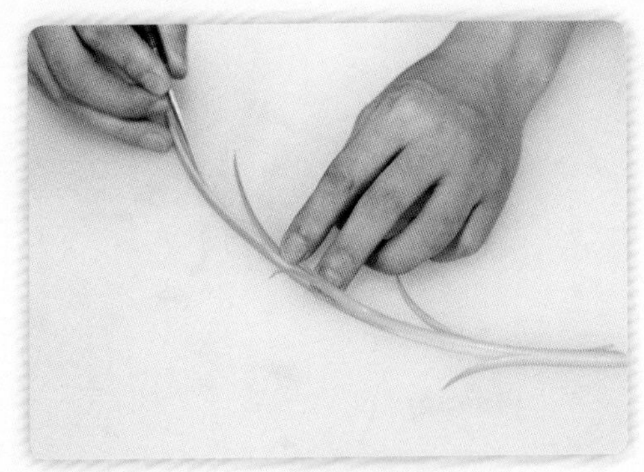

4 用手刀将蒜薹雕刻成南瓜藤。

5 用手刀将小葱雕刻成南瓜须。

6 用菜刀将红灯笼椒片及黄灯笼椒片剞花刀。

7 用手刀将芥蓝雕刻成蟋蟀。

8 用菜刀将乳黄瓜切薄片，用镊子拼摆出叶子形状。

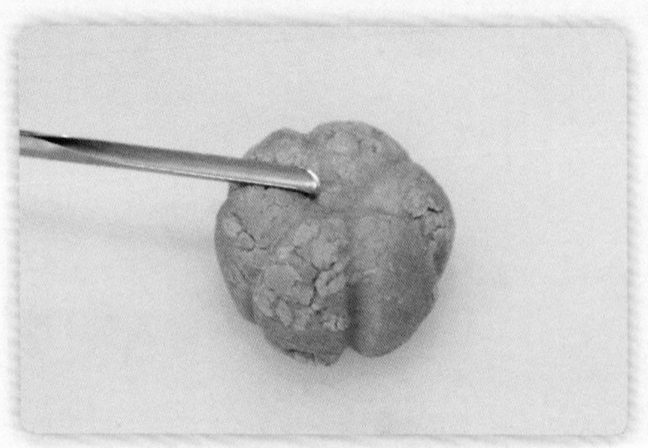

9 用U形戳刀将红豆味土豆泥塑为南瓜形。

10 将所有原材料改刀完毕备用。

11 用镊子将剞好花刀的红灯笼椒片贴于塑好形的南瓜上。

12 用镊子将剞好花刀的黄灯笼椒片贴于塑好形的南瓜上。

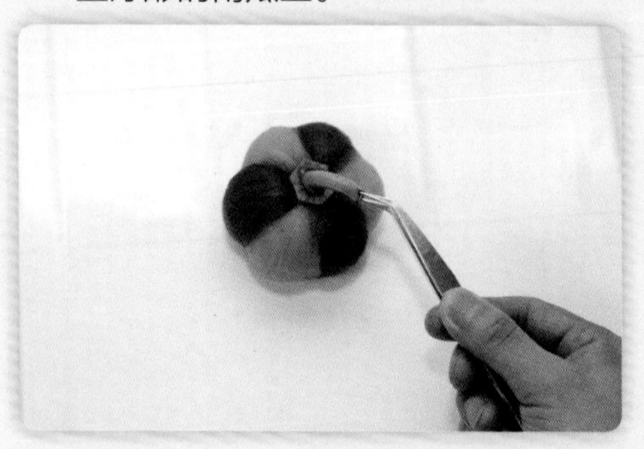

13 用镊子将椒蒂摆于拼摆完成的南瓜上作瓜蒂。

14 用镊子将拼摆完成的南瓜摆放于盘内适当位置。

15 用镊子将准备好的南瓜藤摆于适当位置。

16 用镊子在适当位置摆放南瓜叶片。

17 将鱼茸卷等原料拼摆为山峰状，用镊子将蟋蟀摆放于适当位置。

18 将雕刻好的太阳及飘云用镊子摆放于适当位置。

19 拼摆完毕。

广纳百财

1 准备一个椭圆平盘。

2 准备原材料：芥蓝、胡萝卜、青萝卜、西兰花、广式香肠、鸡卷、耳卷。

3 将青萝卜修成叶状，用菜刀在叶上剞花刀。

4 将剞好花刀的叶子拼成南瓜叶。

5 将南瓜拼摆在适当位置。

6 将青萝卜改刀成薄片，拼摆成白菜。

7 将广式香肠切成薄片，拼成山峰形状。

8 按照荤素搭配原则，拼出假山形状。

9 拼摆完毕。

永结同心

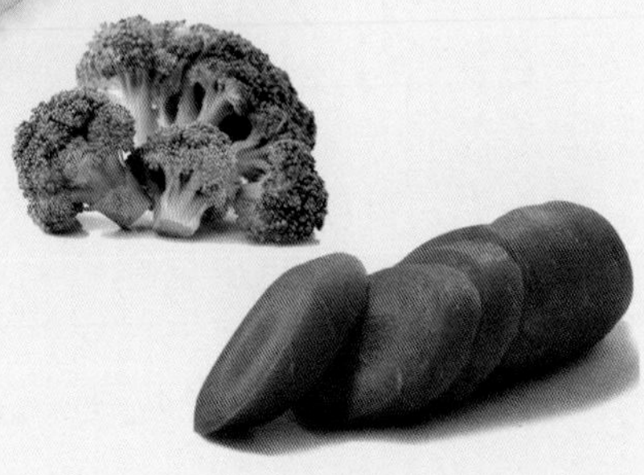

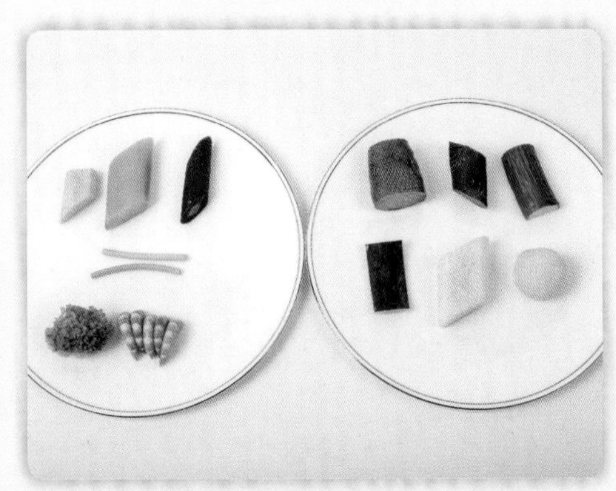

1 准备原材料：生姜、青萝卜、胡萝卜、蒜薹、西兰花、基围虾、鸭脯卷、大红肠、乳黄瓜、冬瓜皮、白萝卜、土豆泥。

2 用雕刻刀将胡萝卜雕刻成马蹄莲中间的花序。

3 用雕刻刀将蒜薹雕刻成马蹄莲的花托和花柄。

4 将原材料改刀完毕备用。

5 将白萝卜切片，用镊子在盘内适当位置拼摆出马蹄莲的苞片。

6 用镊子将雕刻好的花序安装在马蹄莲苞片的中央。

7 用镊子将切片后的乳黄瓜拼摆在盘内适当位置，作为马蹄莲的叶子。

8 用镊子将处理过的蒜薹拼摆到盘内相应的位置，作为马蹄莲的花茎、花托、花柄和叶柄。

9 用镊子将改刀后的大红肠拼摆于盘内适当位置，作为底层山石部分。

10 用镊子将其他改刀后的原材料依次拼摆成下面的山石，并用西兰花封口点缀。

11 用雕刻好的水草封口点缀。

12 用镊子将雕刻好的太阳、祥云和字拼摆到盘内适当位置。

13 拼摆完成。

十八相送

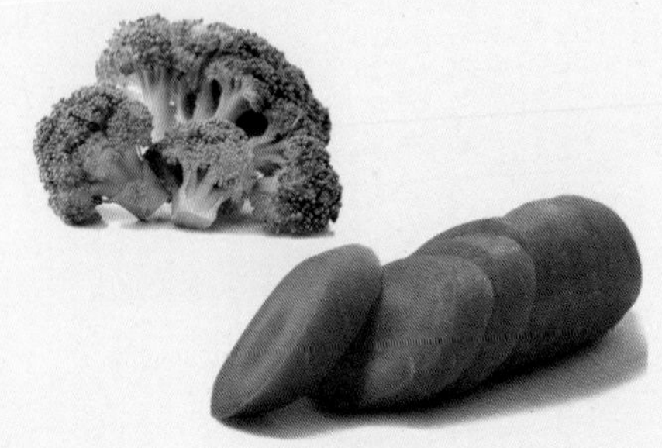

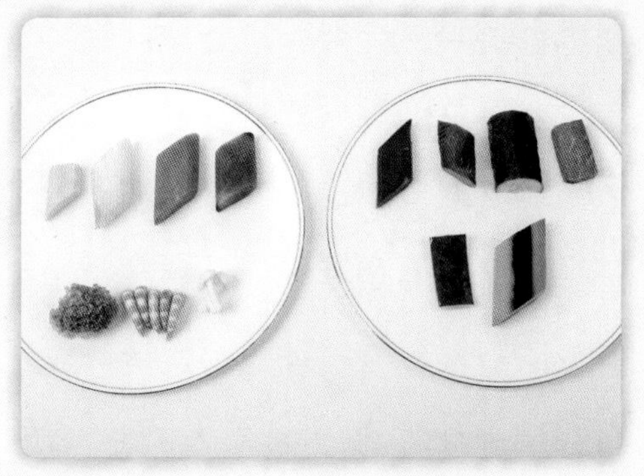

1 准备原材料：生姜、冬笋、胡萝卜、心里美、西兰花、基围虾、白玉菇、皮蛋肠、大红肠、黄瓜、卤牛肉、冬瓜皮、鸡蛋干。

2 用雕刻刀将冬瓜皮雕刻成蝴蝶。

3 用雕刻刀将胡萝卜雕刻成宝塔。

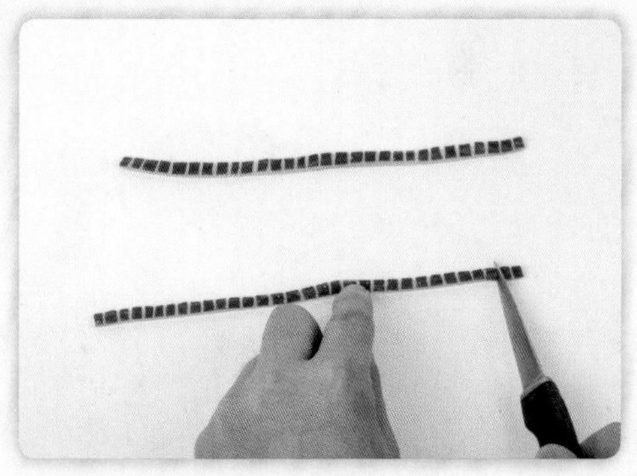

4 用雕刻刀将黄瓜雕刻成如图所示的形状，作为拱桥上面的护栏。

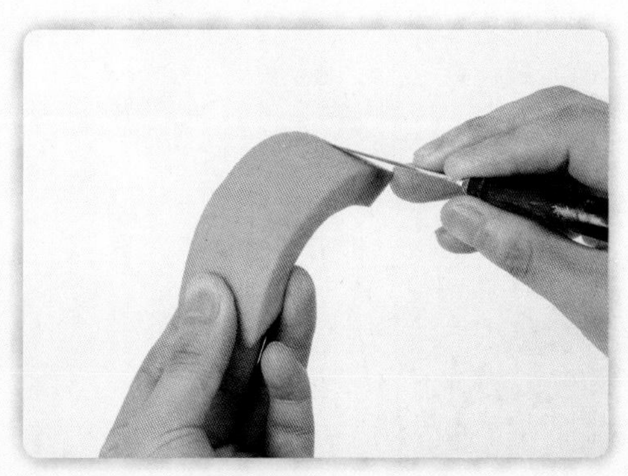

5 用雕刻刀将南瓜雕刻成拱桥。

6 将原材料改刀完毕备用。

7 用镊子将雕刻好的拱桥摆入盘内适当位置。

8 将鸡蛋干切片，拼摆出桥面。

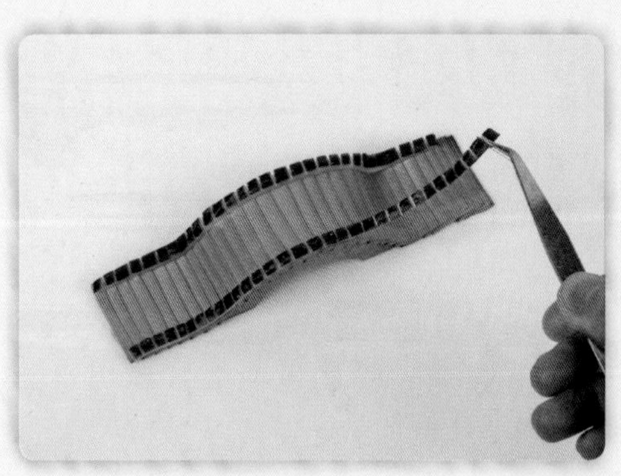

9 放上用黄瓜做的护栏。

10 用镊子将改刀后的卤牛肉拼摆于盘内，作为远处的山峰。

11 用镊子将雕刻好的宝塔摆放于山峰上。

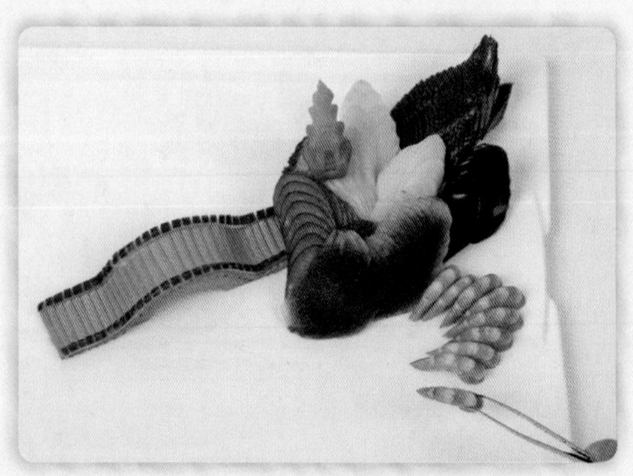

12 用同样的方法依次拼摆出近处的山石。

13 用镊子摆放上黄瓜丝，作为水纹。

14 用镊子摆放上西兰花，封口点缀。

15 用镊子摆放上做好的水草。

16 用镊子摆放上雕刻好的太阳、祥云和蝴蝶。

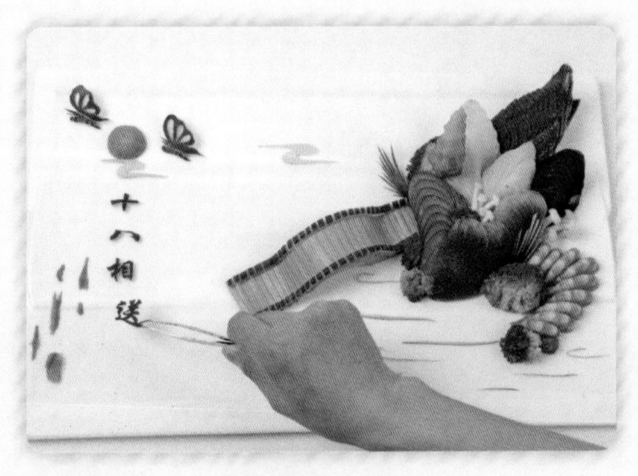

17 用镊子摆放上字。

18 拼摆完成。

立体型拼盘

锦 鸡

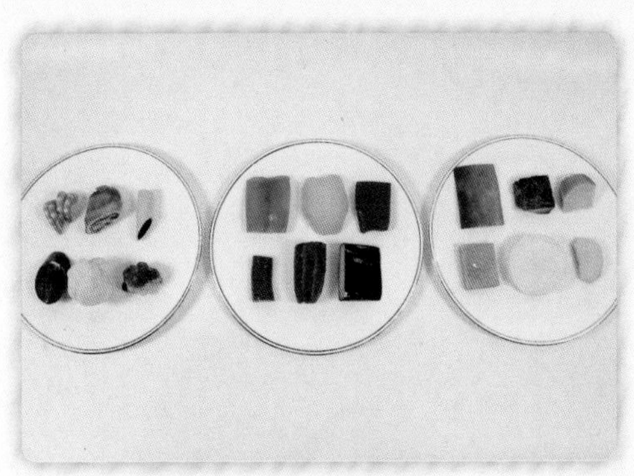

1 准备原材料：姜、青萝卜、耳卷、鸡蛋干、鱼茸卷、大青椒、黄灯笼椒、红灯笼椒、土豆泥、皮蛋肠、黄瓜、西兰花、卤牛肉、南瓜、胡萝卜、基围虾、冬瓜皮、白萝卜。

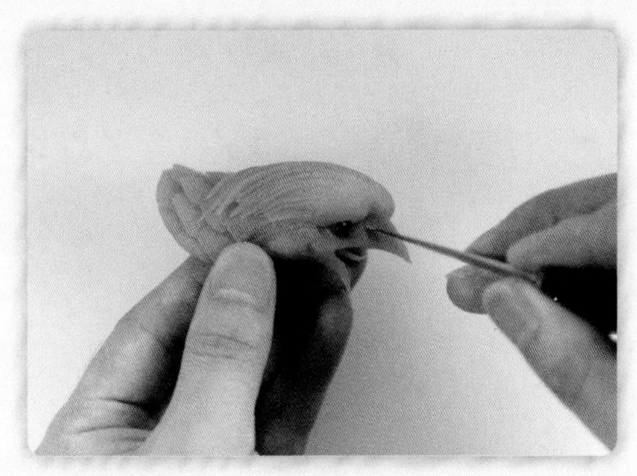

2 用手刀将南瓜雕刻成锦鸡头。

3 用手刀将南瓜雕刻成锦鸡爪。

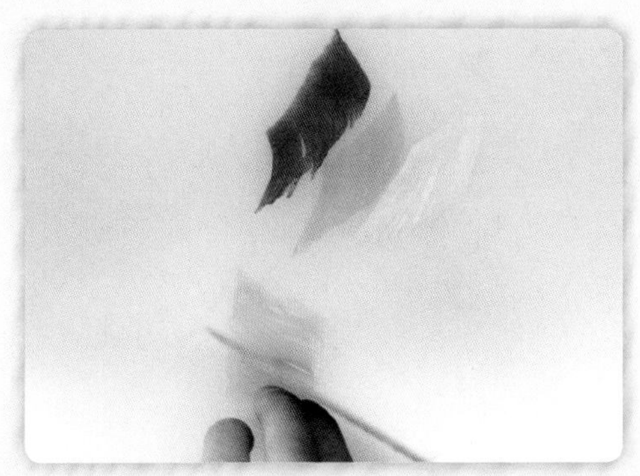

4 用菜刀将红灯笼椒、黄灯笼椒、大青椒、白萝卜改刀成片并剞花刀。

5 用手刀及拉线刀将黄瓜雕刻成锦鸡尾。

6 将原材料改刀完毕备用。

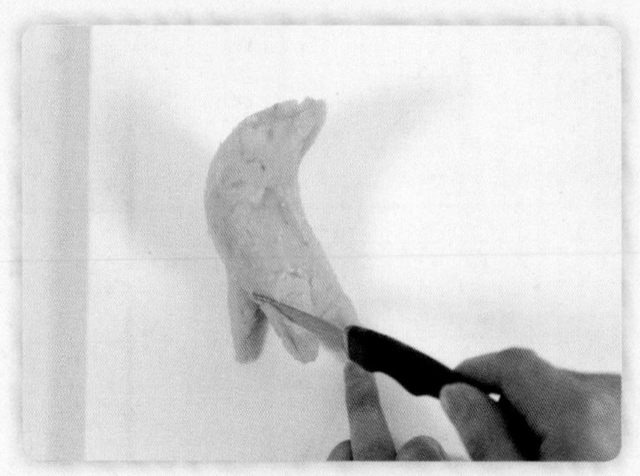

7 用手刀将土豆泥塑为锦鸡身体形状。

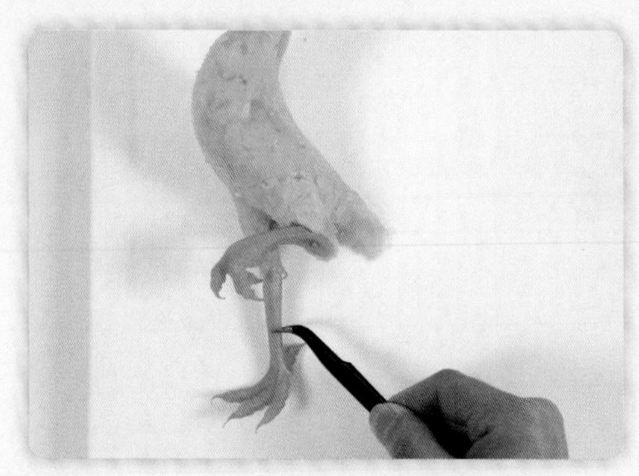

8 用镊子将锦鸡爪拼摆于适当位置。

9 用镊子将锦鸡尾拼摆于适当位置。

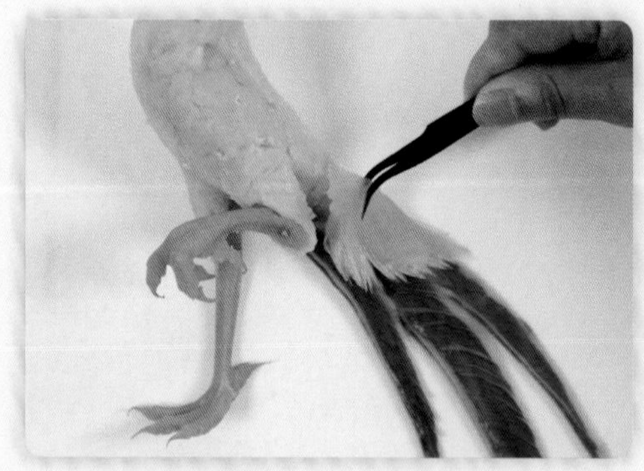

10 用镊子将剞好花刀的白萝卜、黄灯笼椒、红灯笼椒、大青椒等贴于塑好形的锦鸡上，作为羽毛。

11 以相似手法继续贴羽毛。

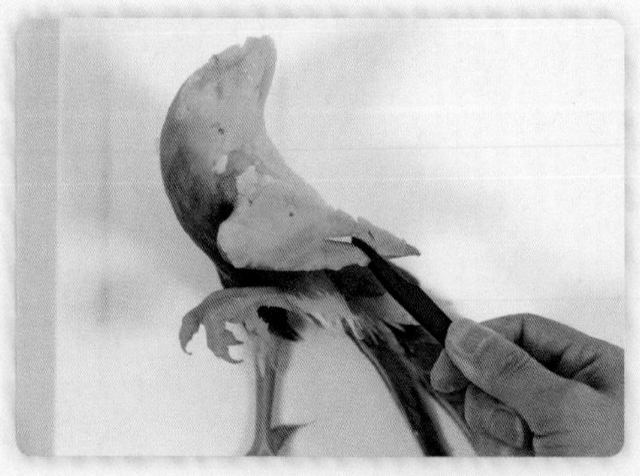

12 用镊子将塑好形的锦鸡翅膀拼摆于适当位置。

13 用镊子将皮蛋肠、鸡蛋干拼摆于翅膀的适当位置。

14 以相似手法继续贴羽毛。

15 用镊子将锦鸡头拼摆于适当位置。

16 将鱼茸卷等原料拼摆于适当位置，作为山峰，并将太阳、飘云、字摆放于适当位置。

17 拼摆完成。

鸠占鹊巢

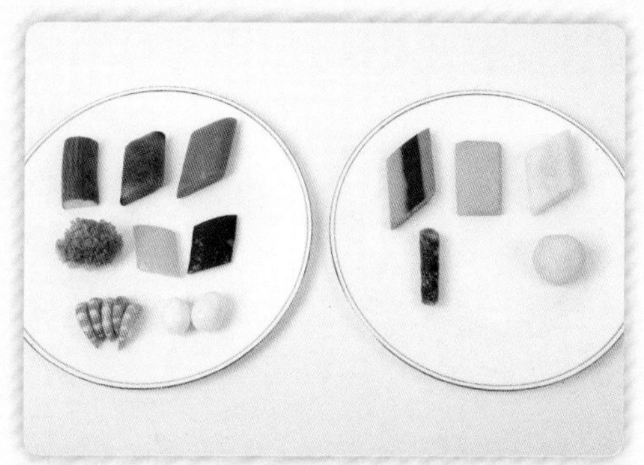

1 准备原材料：乳黄瓜、心里美萝卜、胡萝卜、西兰花、黄灯笼椒、红灯笼椒、基围虾、鹌鹑蛋、鸡蛋干、南瓜、白萝卜、广式香肠、土豆泥。

2 用菜刀将乳黄瓜剞上花刀，作为树叶。

3 用雕刻刀将黄瓜雕刻成远处的山峰。

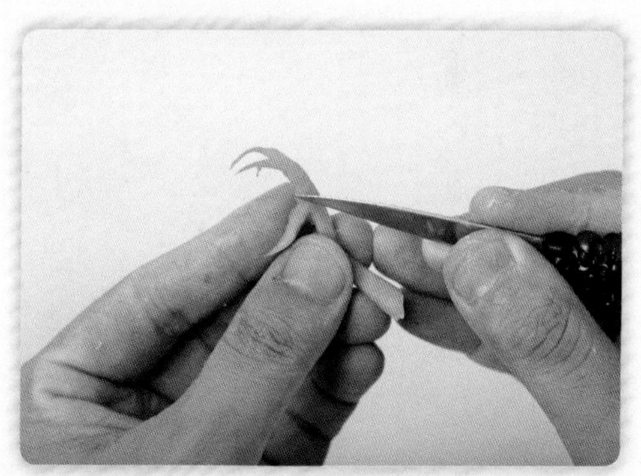

4 用雕刻刀将南瓜雕刻成斑鸠的爪子。

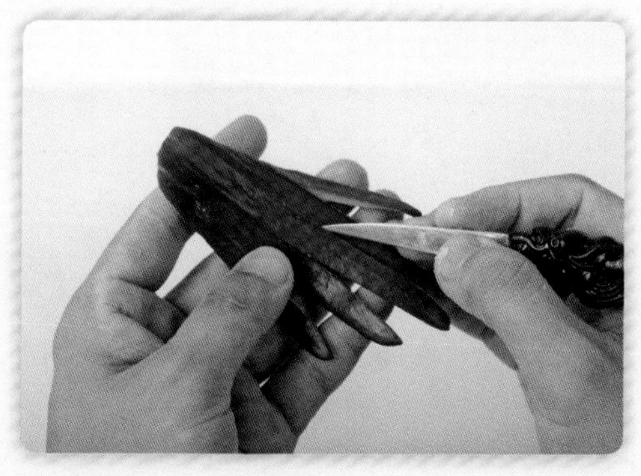

5 用雕刻刀将黄瓜皮雕刻成斑鸠的尾羽。

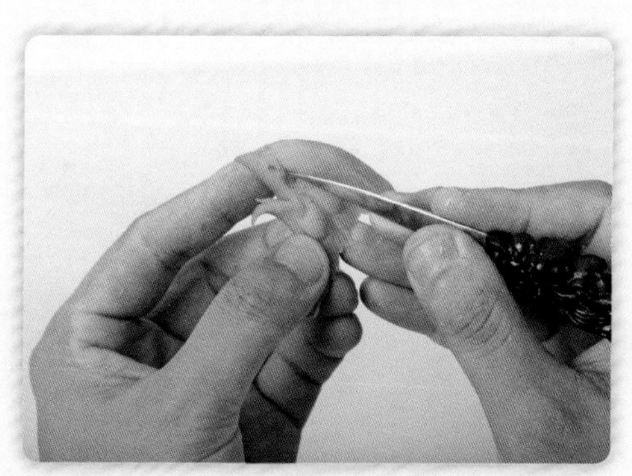

6 用雕刻刀将南瓜雕刻成斑鸠的头部。

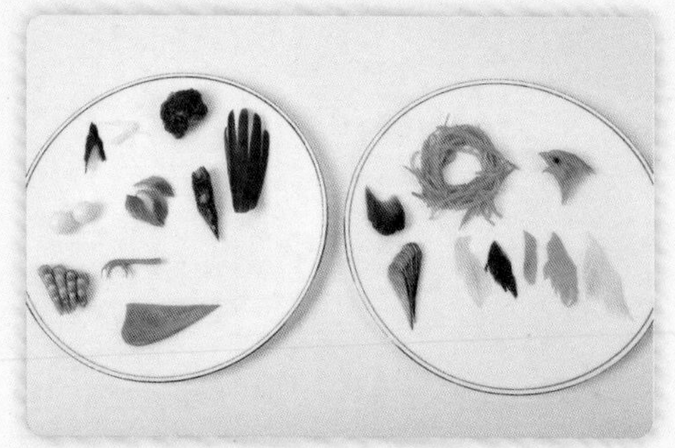

7 将原材料改刀完毕后备用。

8 用土豆泥雕塑出斑鸠的身体部分后拼摆定位。

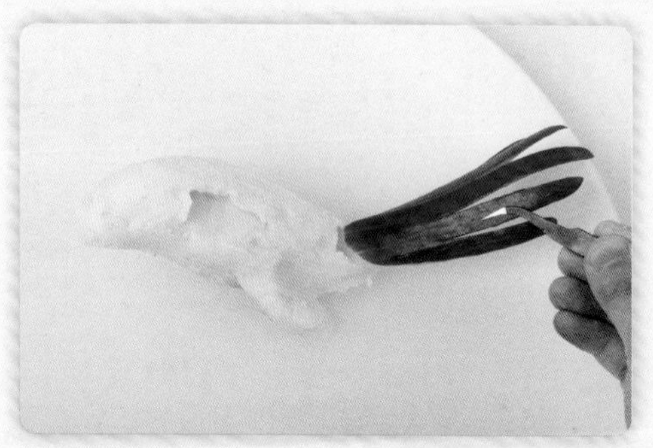

9 用镊子拼接上斑鸠的尾羽。

10 用镊子拼接上斑鸠的爪子。

11 用镊子拼贴上尾部羽毛。

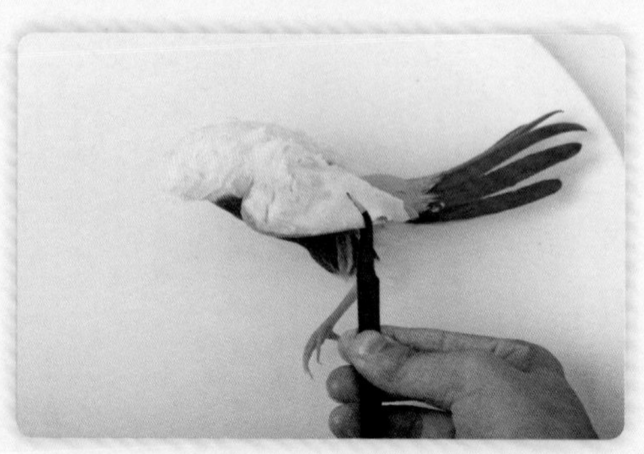

12 用镊子拼贴上斑鸠的翅膀。

13 用切片后的原材料拼贴出翅膀上的飞羽。

14 用镊子拼贴出背部的羽毛。

15 用镊子拼贴出脖子部位的羽毛。

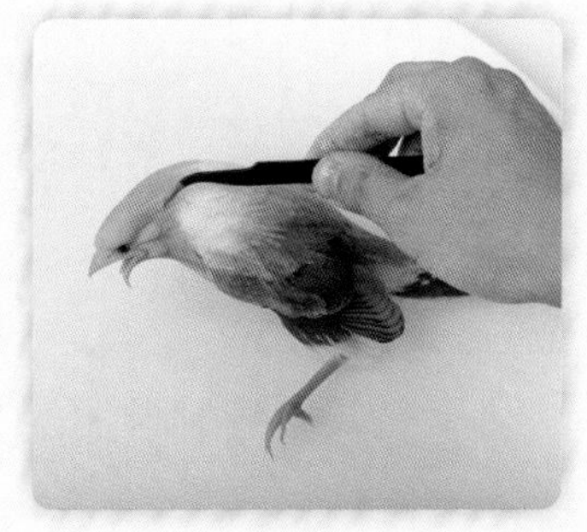

16 用镊子拼摆上头部。

17 用镊子将南瓜丝拼摆成鹊巢。

18 用镊子将鹌鹑蛋放入鹊巢，作为鸟蛋。

19 用镊子摆放上用黄瓜做的树叶。

20 用镊子摆放上用广式香肠做的树枝。

21 用镊子摆放上西兰花和虾，作为树枝根部的山石。

22 用镊子摆放上做好的太阳和远处的山峰。

23 拼摆完成。

金鸡报晓

1 准备原材料：基围虾、芥蓝、红灯笼椒、黄灯笼椒、鸡蛋干、冬瓜皮、南瓜、皮蛋肠、白萝卜、青萝卜、西兰花、土豆泥、卤牛肉、黄瓜、胡萝卜、耳卷、咸蛋黄鲈鱼卷、鱼茸卷。

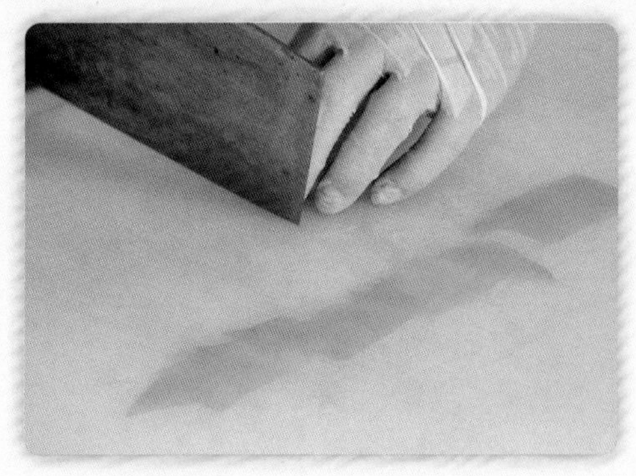

2 将黄灯笼椒去皮去瓤后，用菜刀斜 45 度角剞上花刀，作为公鸡的羽毛。

3 将黄瓜先修成长三角形的形状，然后用菜刀剞上花刀，作为公鸡的尾羽。

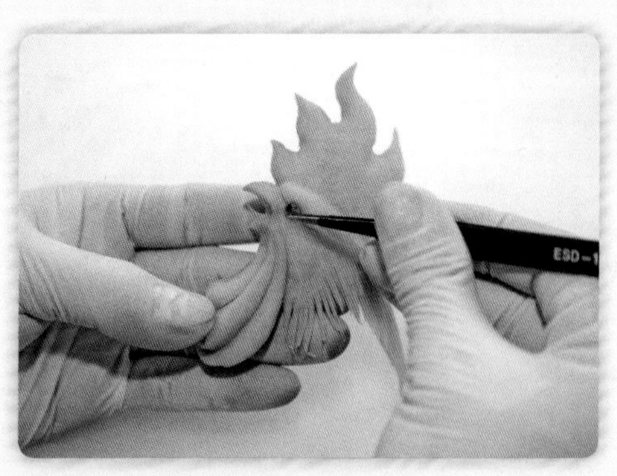

4 取一块南瓜，用雕刻刀雕出公鸡的头部并安上仿真眼。

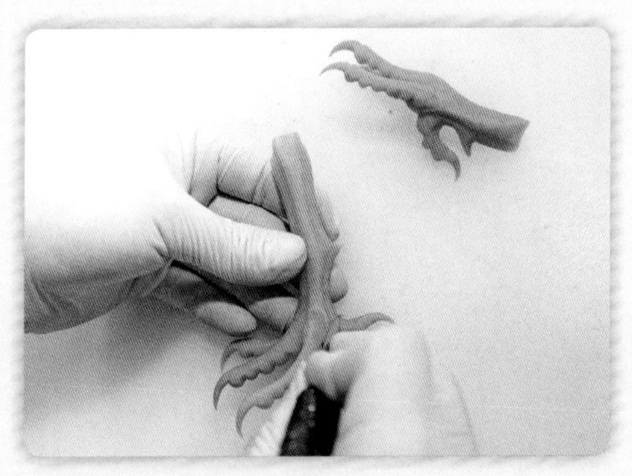

5 取一块南瓜，用雕刻刀雕出公鸡的两个爪子。

6 用南瓜先雕刻出公鸡翅膀的形状，然后将皮蛋肠和鸡蛋干切片并拼出翅膀的飞羽。

7 将原材料改刀完毕备用。

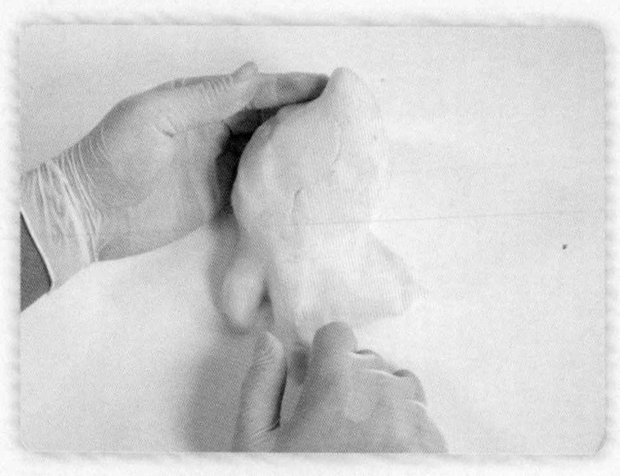

8 用土豆泥塑出公鸡身体。

9 将塑好的公鸡身体摆放到盘内适当位置后，拼摆出公鸡的尾羽。

10 将公鸡爪子拼摆到腿部适当的位置。

11 用剞好花刀的灯笼椒拼摆出尾部的小羽毛。

12 用剞好花刀的红灯笼椒拼出腿部的羽毛。

13 将翅膀拼摆到身体适当位置。

14 将不同颜色的原材料拼出翅膀以上的羽毛，注意颜色的过度。

15 安放上公鸡头。

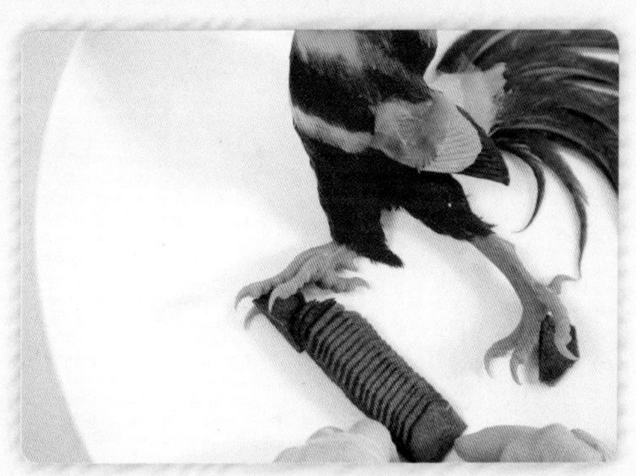

16 用改好刀的卤牛肉拼摆出爪子下面的山石。

17 用同样的方法依次拼摆出如图所示的山石和水草。

18 拼摆完成。

鸳鸯戏水

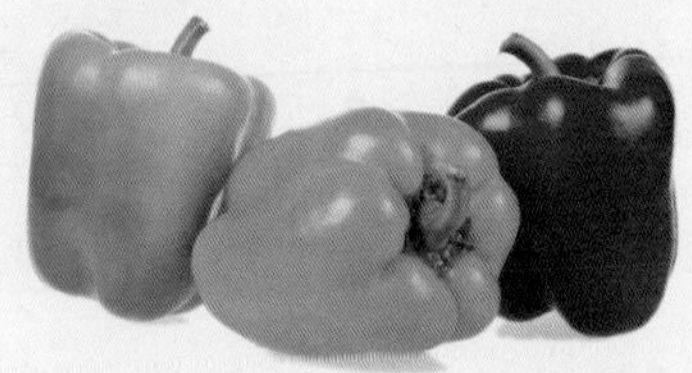

1 准备原材料：鸡蛋干、乳黄瓜、兔肉卷、卤牛肉、白萝卜、冬瓜皮、鸭脯卷、芥蓝、胡萝卜、百合、南瓜、心里美萝卜、基围虾、生姜、西兰花、土豆泥、黄灯笼椒、红灯笼椒、青灯笼椒。

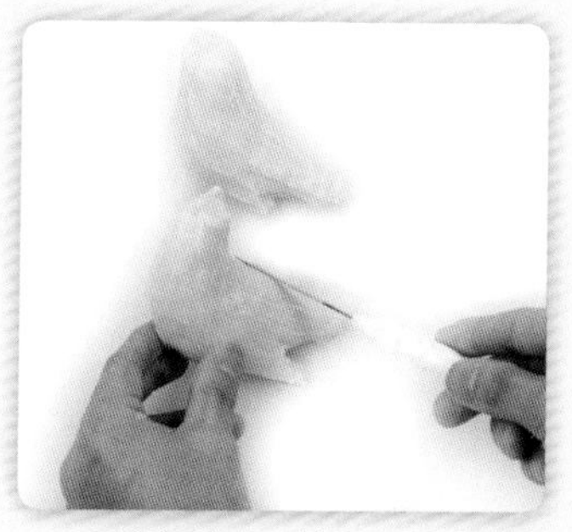

2 用雕刻刀将土豆泥分别雕塑成两只鸳鸯的身体。

3 用南瓜雕刻出鸳鸯的头部。

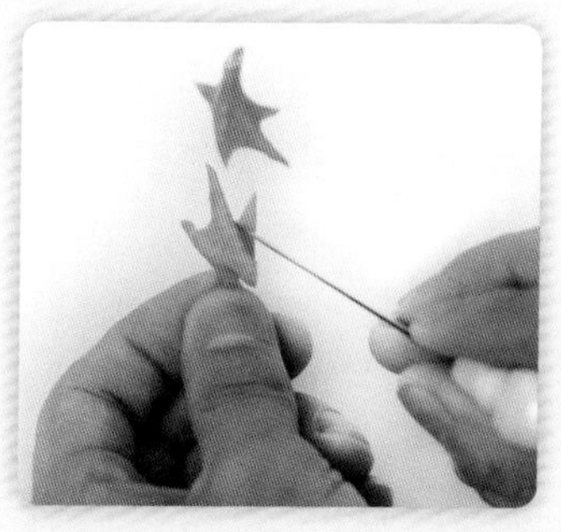

4 用南瓜雕刻出鸳鸯的爪子。

5 用南瓜雕刻出鸳鸯的翅膀。

6 将原材料改刀完毕后备用。

7 将塑好形的鸳鸯身体摆放到盘内适当位置。

8 用镊子摆放上爪子。

9 用镊子将切片后的芥蓝拼摆成鸳鸯的尾羽。

10 用镊子将切片后的胡萝卜拼摆成鸳鸯的尾羽。

11 用镊子拼接上鸳鸯的翅膀。

12 用镊子摆放上雕刻好的相思羽。

13 用镊子将鸡蛋干拼摆出鸳鸯翅膀的大飞羽。

14 用镊子将芥蓝拼摆成鸳鸯翅膀的次级飞羽，并以同样的方法拼摆成另一个翅膀的飞羽。

15 用镊子贴上鸳鸯胸部的羽毛。

16 用镊子贴上鸳鸯脖子部分的羽毛。

17 用镊子拼接上鸳鸯的头部。

18 完成第一只鸳鸯的拼摆。

19 用同样的方法完成另一只鸳鸯的拼摆。

20 用镊子拼摆上用百合做的荷花。

21 用镊子拼摆上黄瓜丝，作为水纹。

22 用镊子拼摆上用冬瓜皮做的荷叶。

23 用镊子将改刀后的卤牛肉拼摆到盘内适当位置，作为底部山石。

24 将切片后的胡萝卜拼摆成山峰的形状。

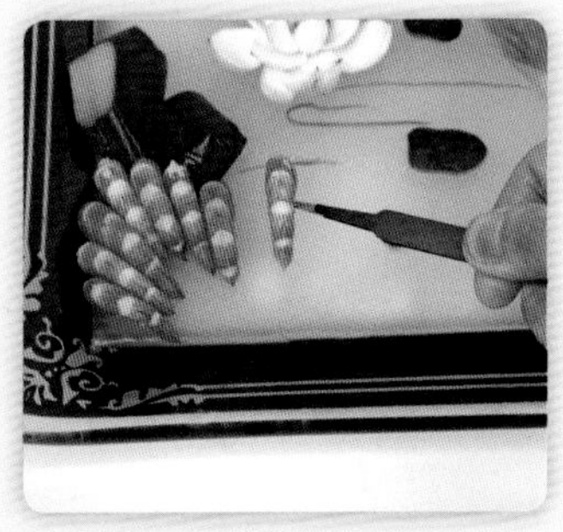

25 用相同的方法拼摆出左边的山峰。

26 用镊子将芥蓝拼摆成下面的珊瑚。

27 用镊子摆放上西兰花，封口点缀。

28 用镊子摆放上水草点缀。

29 用镊子摆放上祥云和太阳。

30 用镊子摆放上雕刻好的字。

31 拼摆完成。

喜上眉梢

1 准备原材料：咸蛋黄鲈鱼卷、三色鱼茸卷、紫薯、紫薯泥、大青椒、黄灯笼椒、红灯笼椒、基围虾、鸡蛋干、西兰花、青萝卜、胡萝卜、冬瓜皮、白萝卜。

2 用手刀将胡萝卜雕刻成画眉鸟头。

3 用手刀将紫薯雕刻成鸟爪。

4 用相似手法雕刻另外一只鸟爪。

5 用菜刀将大青椒、黄灯笼椒、红灯笼椒去蒂、去瓤，取中间部位并剞花刀。

6 用手刀及拉线刀将青萝卜雕刻成画眉鸟尾羽。

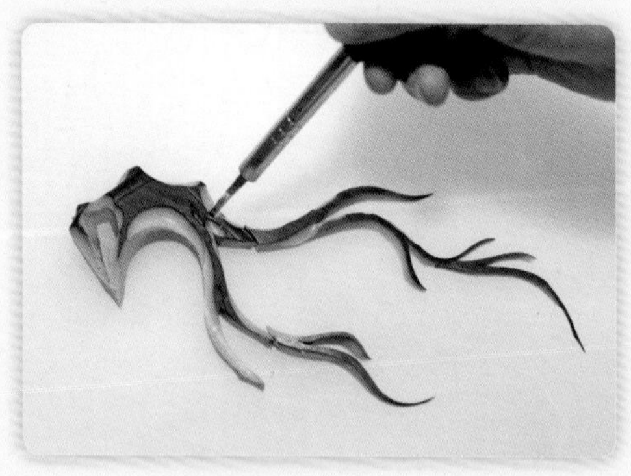

7 用手刀及拉线刀将鸡蛋干雕刻成树干形状。

8 将原材料改刀完毕备用。

9 将紫薯泥捏成画眉鸟胚并摆放于盘内适当位置。

10 用镊子将尾羽拼摆于适当位置。

11 用镊子将树枝拼摆于盘内适当位置。

12 用镊子将鸟爪拼摆于适当位置。

13 用镊子将羽毛拼摆于鸟身适当位置。

14 将鸟身拼摆完成后，用镊子将鸟头拼摆至适当位置。

15 将咸蛋黄鲈鱼卷等原材料拼摆成山峰。

16 拼摆完毕。

孔雀迎宾

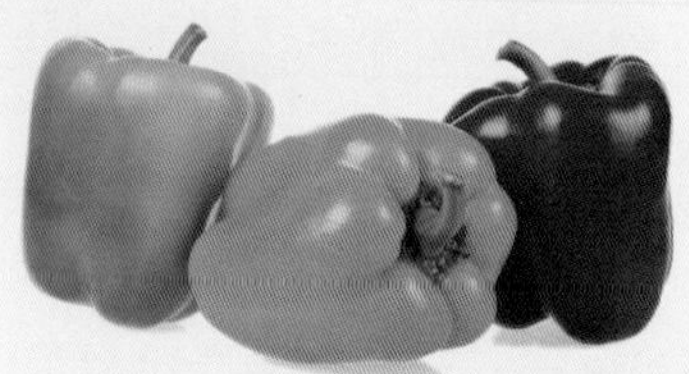

1 准备原材料：土豆泥、鸭脯卷、卤牛肉、黄灯笼椒、心里美萝卜、基围虾、冬瓜皮、鸡蛋干、蛋黄糕、皮蛋肠、黄瓜、胡萝卜、白萝卜、南瓜、青笋、青萝卜、西兰花。

2 将改刀后的青笋片作为孔雀的覆羽，用镊子将雨滴状胡萝卜片和蛋黄糕片拼摆成孔雀覆羽上的伪眼。

3 用镊子将切片后的鸡蛋干和胡萝卜贴摆成翅膀。

4 用雕刻刀将鸡蛋干雕刻成树枝。

5 用雕刻刀将胡萝卜雕刻成孔雀的爪子。

6 用雕刻刀将南瓜雕刻成孔雀的头部。

7 将原材料改刀完毕备用。

8 用镊子将雕刻好的树枝拼摆到盘内适当位置。

9 用土豆泥塑出孔雀的身体，并安装好头部后摆放到盘内恰当位置。

10 用镊子摆放上孔雀爪子。

11 用镊子将覆羽逐层拼摆。

12 用镊子将覆羽逐层拼摆成孔雀的尾屏。

13 用镊子将黄瓜做的尾翅拼摆到翅膀下方。

14 用镊子将做好的翅膀拼摆到适当位置。

15 用镊子将羽毛粘贴于身体上面。

16 用镊子拼摆上梅花。

17 用镊子将不同原材料做的山石拼摆于盘内恰当位置。

18 用镊子依次拼摆出下面的山石。

19 用西兰花和水草封口点缀。

20 用镊子拼摆上雕刻好的祥云、太阳和字。

21 拼摆完成。

大展宏图

1 准备原材料：基围虾、胡萝卜、芥蓝、鸡蛋干、冬笋、南瓜、冬瓜皮、海鲜菇、西兰花、卤牛肉、兔卷、三色鱼茸卷、土豆泥。

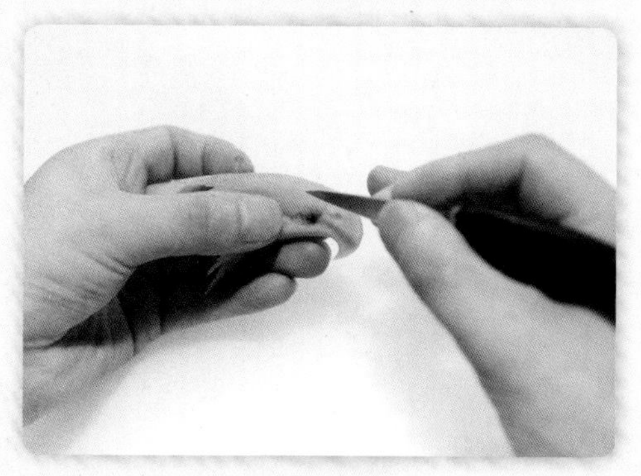

2 用手刀将南瓜雕刻成鹰头。

3 用手刀将南瓜雕刻成鹰爪。

4 用菜刀将白萝卜改为薄片并剞花刀。

5 用手刀及拉线刀将白萝卜雕刻成大飞羽。

6 将原材料改刀完毕备用。

7 将土豆泥塑为雄鹰形状的胚。

8 用镊子将尾羽拼摆至适当位置。

9 用镊子将左侧大飞羽拼摆至适当位置。

10 使用相同方法拼摆右侧大飞羽。

11 用镊子将小飞羽拼摆至适当位置。

12 用镊子将鹰爪拼摆至适当位置。

13 用镊子贴上羽毛。

14 用镊子将鹰头拼摆至适当位置。

15 用镊子拼摆出山石。

16 用相似手法拼摆出小山峰。

17 拼摆完成。

松鹤延年

1 准备原材料：基围虾、卤牛肉、青萝卜、白萝卜、南瓜、鸡蛋干、乳黄瓜、黄灯笼椒、皮蛋肠、大黄姜、胡萝卜、澄面、西兰花、冬瓜皮。

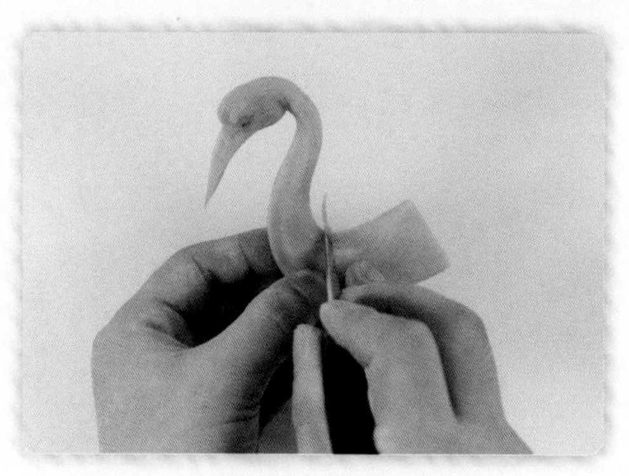

2 用手刀将南瓜雕刻成仙鹤头。

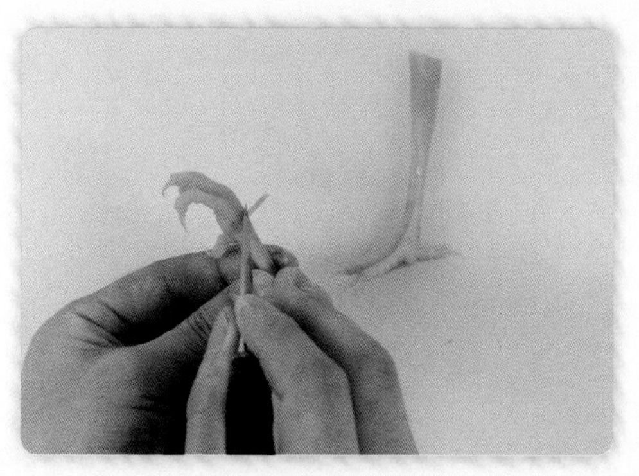

3 用手刀将南瓜雕刻成仙鹤爪。

4 用菜刀将白萝卜、黄灯笼椒改刀切片，并剞花刀作为羽毛。

5 用手刀将冬瓜皮雕刻成松树枝。

6 用菜刀将乳黄瓜改刀并剞花刀。

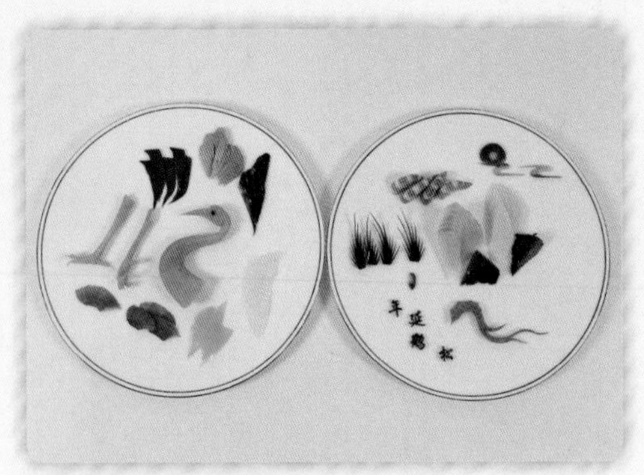

7 将原材料改刀完毕备用。

8 用手刀将澄面塑成仙鹤身体形状，并将仙鹤头摆放于适当位置。

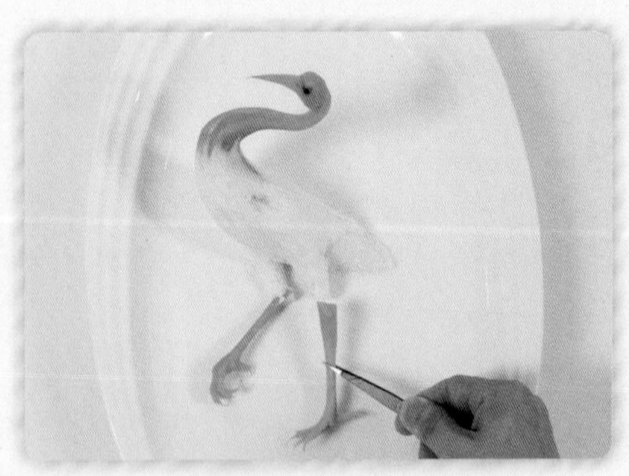

9 用镊子将仙鹤爪拼摆于适当位置。

10 用镊子将尾羽摆放于适当位置。

11 用镊子将羽毛贴于仙鹤身上适当位置。

12 用镊子将拼摆完成的皮蛋肠及鸡蛋干摆放于翅膀适当位置。

13 将翅膀拼摆于适当位置。

14 用镊子将羽毛贴于仙鹤身上适当位置。

15 用镊子将鹤顶红拼摆于仙鹤头顶适当位置。

16 用镊子将松树枝及叶片拼摆于适当位置，并摆放太阳及飘云。

17 将卤牛肉等原料拼摆成山峰，摆放水草及字。

18 拼摆完成。

凤舞九天

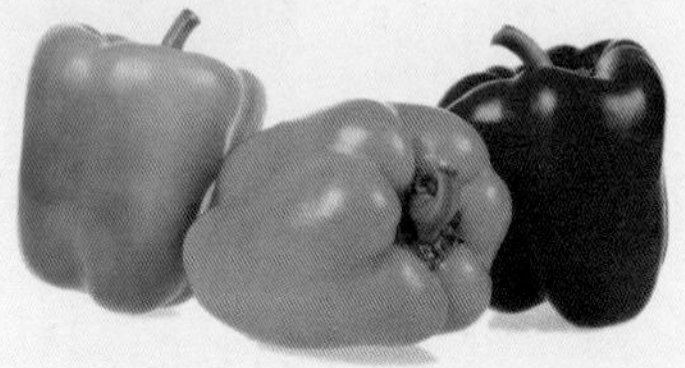

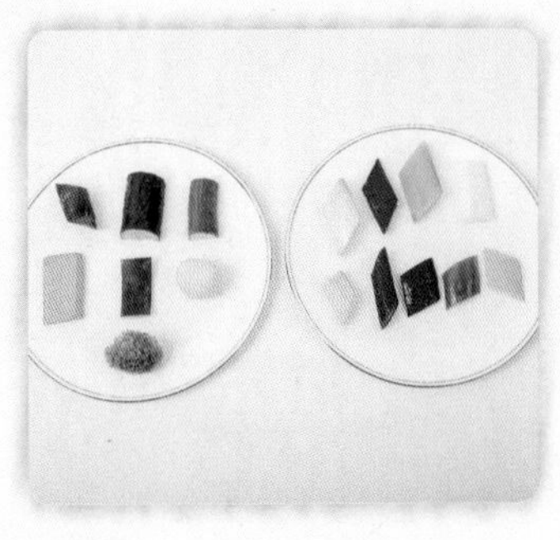

1 准备原材料：大红肠、黄瓜、乳黄瓜、蛋黄糕、冬瓜皮、土豆泥、西兰花、芥蓝、皮蛋肠、青萝卜、白萝卜、生姜、胡萝卜、红灯笼椒、青灯笼椒、黄灯笼椒。

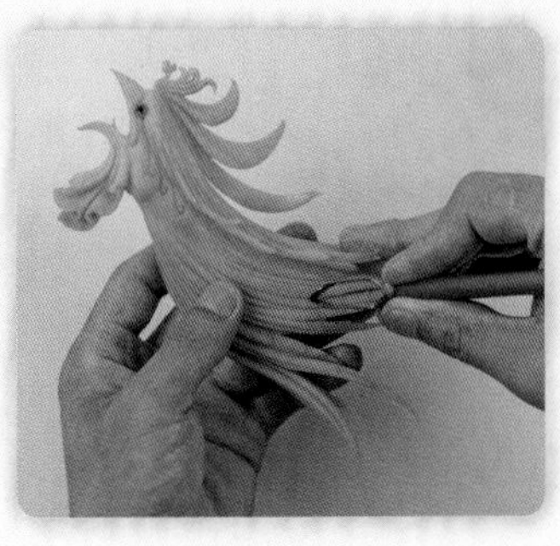

2 用南瓜雕刻出凤凰的头部。

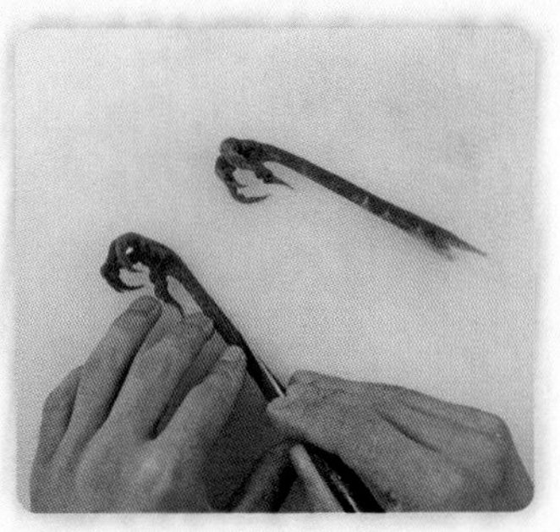

3 用胡萝卜雕刻出凤凰的爪子。

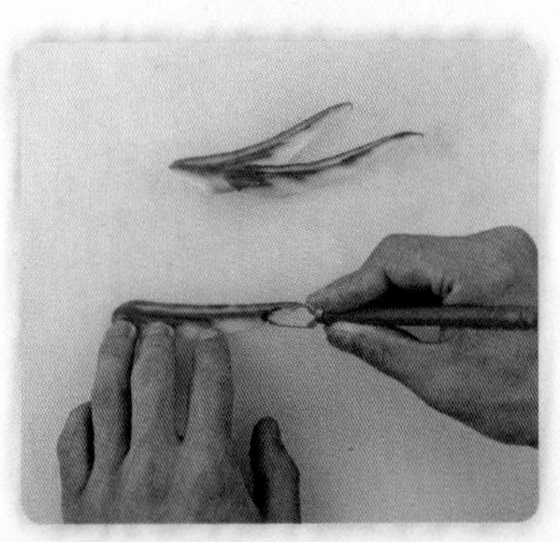

4 用乳黄瓜雕刻出凤凰翅膀的大飞羽。

5 将黄瓜片进行花刀处理，作为凤凰的主尾翎。

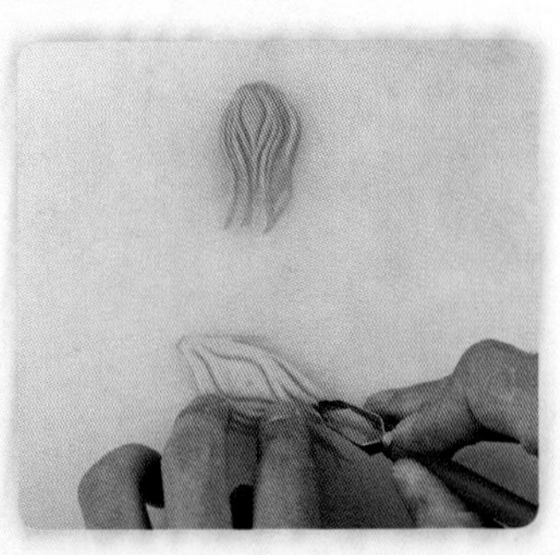

6 用南瓜雕刻出凤尾眼。

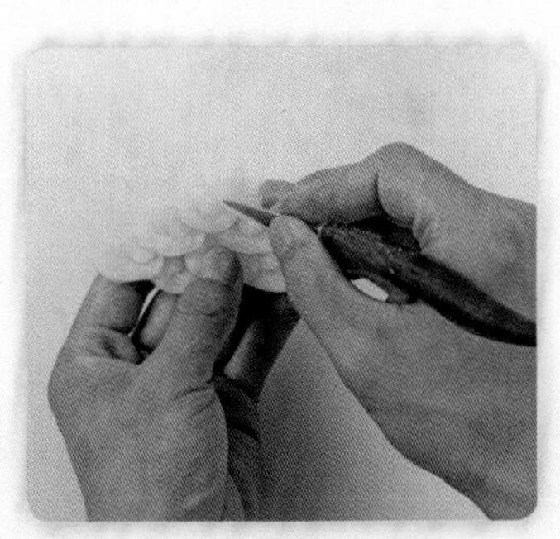

7 用青萝卜雕刻出祥云。

8 将原材料改刀处理完毕备用。

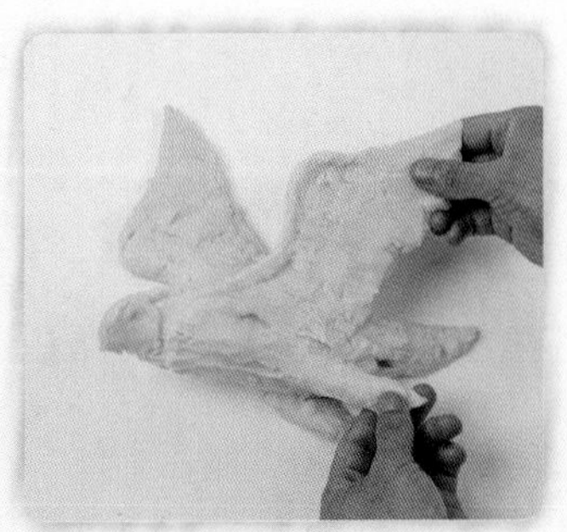

9 用土豆泥塑出凤凰身体和翅膀部分，摆放到盘内适当位置。

10 用镊子将凤尾翎和凤尾眼拼摆于盘内，与凤凰身体连接。

11 用镊子安装上凤爪。

12 用镊子将胡萝卜和青萝卜做的飘翎拼摆到凤凰尾部位置。

13 用镊子拼接大飞羽与凤凰翅膀。

14 用同样的方法拼接出另一个翅膀的大飞羽。

15 用镊子将胡萝卜片拼摆成凤凰翅膀的次级飞羽。

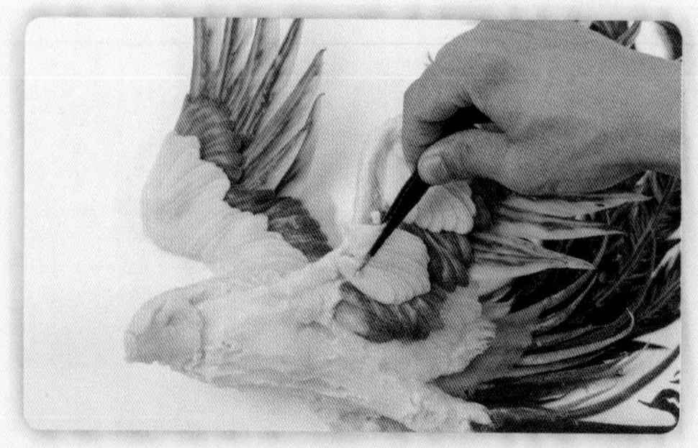

16 用镊子将生姜片拼摆成凤凰翅膀的初级飞羽。

17 用镊子贴上腿部羽毛。

18 用镊子贴上翅膀部位的羽毛。

19 用镊子贴上凤凰胸部的羽毛。

20 放上凤凰的头部。

21 用镊子将不同原材料做的山石拼摆于盘内适当位置。

22 用西兰花和水草封口点缀。

23 用镊子拼摆上祥云。

24 用镊子拼摆上雕刻好的字。

25 拼摆完成。

如意人生

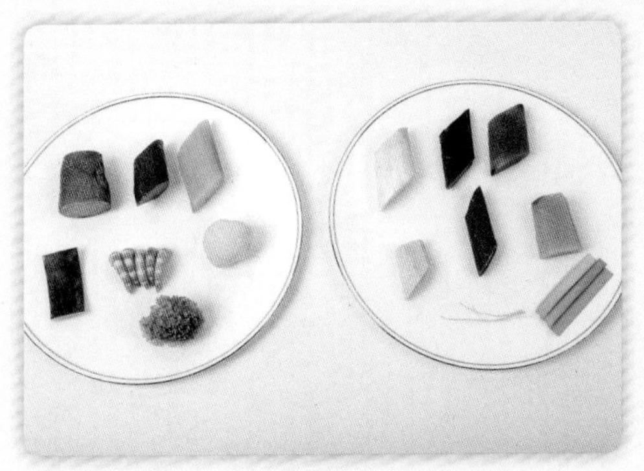

1 准备原材料：鸭脯卷、大红肠、青萝卜、冬瓜皮、基围虾、土豆泥、西兰花、芥蓝、皮蛋肠、心里美萝卜、生姜、胡萝卜、腌大头菜、菠菜根、蒜薹。

2 用雕刻刀将蒜薹雕刻成人参的叶茎。

3 用雕刻刀将心里美萝卜雕刻成如意头尾的心形部分。

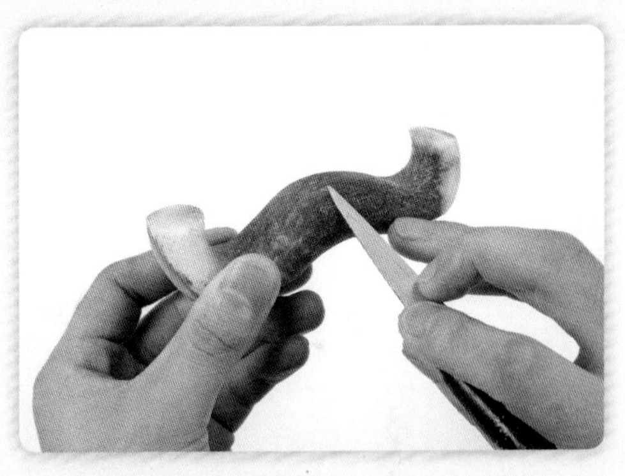

4 用雕刻刀将心里美萝卜雕刻成如意手柄的形状。

5 将原材料改刀备用。

6 用雕刻刀将土豆泥雕塑出人参的形状，作为底坯，并摆放于盘内适当位置。

7 用镊子将菠菜根拼接到人参的主根上面，作为人参的侧根和细根。

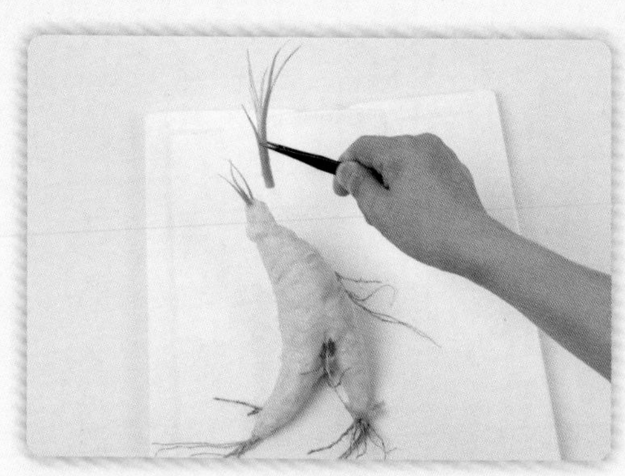

8 用镊子将人参的叶茎拼接到根茎顶部。

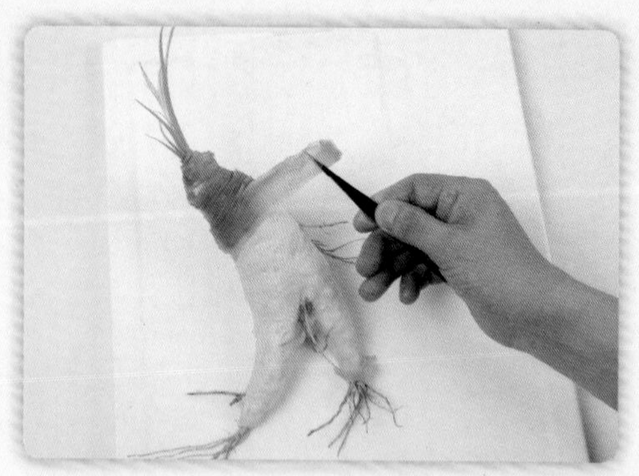

9 用切片后的大头菜拼贴出人参根部的表皮部分。

10 用同样的方法完成人参根部的拼贴。

11 用镊子拼摆胡萝卜做的人参果实。

12 用镊子拼接如意的头部。

13 用镊子拼摆如意的宝石。

14 用镊子拼摆上底部山石。

15 将各种切片的原材料拼摆成群山。

16 用镊子摆放上水草。

17 用镊子拼摆上太阳、祥云和雕刻好的字。

18 拼摆完成。